心欢喜

贤宗 著

中国财富出版社

图书在版编目（CIP）数据

心欢喜 / 贤宗著. —北京：中国财富出版社，2017.1

ISBN 978 - 7 - 5047 - 6271 - 9

Ⅰ. ①心… Ⅱ. ①贤… Ⅲ. ①人生哲学—通俗读物 Ⅳ. ①B821-49

中国版本图书馆 CIP 数据核字（2016）第 219381 号

策划编辑	单元花	责任编辑	单元花		
责任印制	方朋远	责任校对	杨小静 张营营	责任发行	邢有涛

出版发行　中国财富出版社
社　　址　北京市丰台区南四环西路 188 号 5 区 20 楼　邮政编码　100070
电　　话　010－52227588 转 2048/2028（发行部）010－52227588 转 307（总编室）
　　　　　010－68589540（读者服务部）　010－52227588 转 305（质检部）
网　　址　http:// www. cfpress. com. cn
经　　销　新华书店
印　　刷　北京市通州运河印刷厂
书　　号　ISBN 978－7－5047－6271－9 / B・0508
开　　本　787mm×1092mm　1/32　　版　　次　2017 年 1 月第 1 版
印　　张　6.125　　印　　次　2017 年 1 月第 1 次印刷
字　　数　85 千字　　定　　价　32.00 元

前 言

这个世界上没有两片完全相同的树叶

为什么我们会被各种外来的东西，如名望、地位、金钱、权力等名闻利养所迷惑，同时还被内在的恼怒、痛苦、恐惧、怨恨等情绪所折磨？为什么我们无法放下贪嗔痴慢疑，与之纠缠一生也终究无法摆脱它们的奴役？在我出去讲课的过程中，听众们问得最多的话题莫过于此。我回答他们：苦的根源在于心，你心中的世界就是你眼中的世界，因此，倘若此时你身处苦海，一定是因为你的心在苦海中沉沦。

这个世界上没有两片完全相同的树叶，哪怕是同一片树叶，在不同的时期呈现出的形态、颜色也不尽相同。我们的身心每一分、每一秒都在发生着变化，尽管肉眼看不到、身体感觉不到，但这些变化就像电磁波一样，慢慢地便会给我们带来显著的改变。尽管此刻你并不快乐，也许下一秒便能心生欢喜，只有把握好自己生命的律动，每一个生命的节点才会发出极致的光彩。

万事万物都处在永恒的变化之中，而这种规律就是佛学中的“空”，那些客观存在于我们面前的具体事物则是佛学中所讲的相，这些相的本质仍是空。

人总是容易被事物的表相迷惑，因此每做一件事都会有诸多担心，这些担心会对自己造成制约。担心越多束缚也就越多，束缚多了，原本好的事情可能就转变成了不好的事情。心无挂碍之时，成功反而水到渠成。

人的一生总要经历这样一个渐渐通透的过程，可惜，很多人直到生命的尽头还带着各种欲望和遗憾。我们所执着的，正是我们的束缚所在，我们越执着于得到，反而越得不到。

“无”并非一无所有，而是无为，无所为才能无所不为。当我们把心中的挂碍、担心统统卸下，才能用虚空般的胸怀与格局去承载整个世界，才能真正地生起欢喜之心。至少，当你读完这本书时，你将对自己的行为有更好的理解。你会明白，尽管我们无法让心一直处于欢喜的状态，但这恰恰是人之常态。如果这本书仅仅能帮你认识到这一点，那么我已经很欣慰了，当然，我希望它的用处不止于此。我希望本书真正能帮到你，让你的生活发生真正的、持久的改变！

贤 宗

2016 年 7 月

目 录

第一章

十一个善心所

贪念存在心里、贪婪留在身体里，只会给我们带来无穷的祸害。

第一章　十一个善心所

心是我们认知世界最为重要的感官，我们通过视觉、听觉、味觉、嗅觉、触觉等对外界事物有所感触，这些感触反映在心中，形成属于自己的独特知见。

修行最重要的是要把散乱的心收回来，把纷繁的妄念赶出去。

倘若到寺院中参加禅修班，就要上交手机、远离电脑，把与外界的联系与纷扰一一斩断，用心感受禅。其实禅修的主要目的在于改造我们的心。排除一切干扰，心才能够沉静，也更容易接受当下。打坐、经行、出坡、吃饭、洗碗、睡觉……日常的行为就是在修炼自己的心。境随心转、相由心生，心静下来，我们对自身、周围环境、世界的感受都会与过去有所不同。

许多人对自己的生活都心怀不满，想要改变工作、增加收入，改善自己所处的环境、人际关系等等。想要做到这些就要让自己的心沉静下来，当我们的思维方式、处事方法改变之后，生活才会跟随我们的意愿慢慢发生相应的变化。

每个人都会有错误的知见，并非我们没有正确地认知外在的世界，主要是因为我们没有正确地认识自己，心灵被其他感觉器官捕捉到的信息所干扰、蒙蔽。

若想正确认识自己，首先要认识自己的身体。身体是灵魂寄居的场所，像一栋房子，房子总有老化、损坏、剥落、漏水的时候。我们都认为这个“房子”是自己的，要静心护养、修缮，于是“我执”也随之产生，执着于自己的身体，执着于眼、耳、鼻、舌、身、意带来的一切信息反馈，如此，五欲六尘便跟着来了。妄想、分别、执着在进行精密庞杂地计算、斟酌、选择，从而给自己的心带来困扰。

心迷失的根源在于对身体的执着，因此想要把心解放出来就必须打破身体固有的局限，沉静修心，使心不受感官意识的干扰，进行独立的觉知。

佛教唯识宗讲到十一个善心所，即改造心的正确方法，分别是：信、惭、愧、无贪、无嗔、无痴、精进、轻安、不放逸、行舍和不害。

若想将这十一个善心所落实到自身的行动之中，首先要对其进行参悟、理解，不能停留在掌握字面的浅层意思，而是要深入其义理与本质。

信

信就是相信。无信不立，其实所有的宗教都建立在信的基础之上，心中抱着巨大的怀疑肯定无法入门。倘若只是表面相信或半信半疑，那么也无法做到身心合一，这样的伪信是自欺欺人的行为，毫无用处，也不会有任何好的结果。

《华严经》里说“信为道源功德母，长养一切诸善根”；《阿含经》也说“信根成就，即是慧根”。可见“信”是进入修行法门的根本，失去了“信”，如高楼失基、釜底抽薪，也就失去了一切善根的基础。

佛教净土宗被称为念佛法门，只要念得好就可以往生极乐世界，但是它获得成就的真正途径是“信愿行”。信在这里也是放在第一位的，相信极乐世界，有到极乐世界去的愿望，继而切实践行不断念佛才可以成功。至于最后到底能不能去，不在于念佛的功力是否深湛，是否能做到一心不乱，而在于是否真正地相信、急切地想去。所谓“真信切愿”，达到这一点就可以得到阿弥陀佛的慈悲加持、亲身接引。

经常有人问我，念佛是坐着念、跪着念，还是躺着念好，其实一般坐着就可以，当然最好是跪着，因为这样能够展现出对佛祖的虔诚与恭敬，如果身体不好，躺着也没有问题。礼佛关键在于心，如果心中没有阿弥陀佛，没有信任、恭敬，即使跪再长的时间、念再多的经文也不会有效果。

古人说“诚则明也，明则诚也”，《中庸》里说“至诚如神”，认为“至诚”有无比神奇的力量，可以预卜凶吉、预知后事。其实“诚”是建立在“信”的基础之上的，只有相信，才能够保持一颗虔诚之心。归根结底，仍旧是“相信”产生了巨大的能量。

惭

在平常的生活用语中，我们常把“惭”“愧”两个字连在一起组成一个词——惭愧，其实在佛教中，“惭”与“愧”是不同的。

惭，指自己的学问、力量、品质还没有达到圆满，因此而进行的一种自我反省、自我审视、自我激励。如果我们心中怀有“惭”念，便会时时进行自我反省，扪心自问：我的品质是否足够高尚？学业是否足够精进？工作是否足够努力？我做的事情是对还是错？我怎么改掉我一些不好的言行？

自我反省其实也是一种修行，这在禅宗中叫作“观照”，又叫“觉知”，一个好的修行者一定有着很强的觉知能力。

愧

什么是愧？愧即对有违于世间道德的一些行为感到不安与羞耻。举个最简单的例子：我们坐公交车，有老人站在我们身边时，我们假装没有看见，当看到一个比我们年纪还要大的人及时给老人让座了，这时，我们就会有羞“愧”之心。

人与其他动物的区别之一就在于人有道德感，道德是人思想体系架构中的一部分，影响着一个人为人处世的方式，甚至决定着人的品质和精神面貌。道德约束着我们的身心，告诉我们要有所取舍、有所坚持，不能随波逐流，不能与恶浊的环境同流合污，要学会自我约束，保持内心的高尚和灵魂的纯洁。

我们做人既要“惭”，又要“愧”。常抱惭愧之心的人往往能够做到虚怀若谷，时时处处对自己进行严格的要求和约束，如此才能创造出非凡的成就。印光大师虽为高僧大德，可是他却自称“常惭愧僧”。这样一位对佛法有着高超领悟与精深理解的大师仍旧抱有惭愧之心，时刻保持谦逊，时刻对自己进行质疑、反省，更何况我们普通人呢?

“惭愧”其实也是一种智慧，它一方面能够扬长，让我们充分认识到自己的优势，并对其加以利用、进行发扬；另一方面能够避短，让我们有机会发现自身的不足，弥补自己的缺陷，帮助我们很快进入善境。

心中有所“惭愧”，就要时时对自己的心进行观照，让自己的心得到洗涤与净化，继而不断纠正、改善自己的行为，让自己屹立于天地之间而无愧于心、无愧于世界、无愧于众生。

无贪

贪、嗔、痴是人的三大剧毒，而“贪”字居首，是毒中之毒。想要去除这样的剧毒并不容易，但是无论多么困难，我们都要尽最大的努力对它进行清除，否则贪念存在心里、贪婪留在身体里，只会给我们自己带来无穷的祸害。

贪是人的本性。很多人贪吃，尝到美味的饭菜，吃完第一碗之后还想吃第二碗，两碗之后还想吃第三碗，其实胃早就已经撑满了，自己却控制不住，继续沉溺于色香带给视觉与味蕾的刺激中，很多人的胃就是这样吃坏的。还有人把自己吃“变形”了，原本苗条的身体变得臃肿不堪，走几步路就累得气喘吁吁，跑步比上刑场还难。贪图享受的人往往自制力比较差，十有八九身材不好，而自控力强的人即使体型胖起来也能通过锻炼身体、控制饮食重新恢复苗条。

其实人的贪心在衣食住行这样的生活细节中都有所体现。有的人衣服明明装满整个衣柜，每次出门仍然为穿什么衣服而感到烦恼，总觉得自己衣服太少，不够穿。若是碰上参加活动、出席聚会更是踌躇不已，穿什么上衣、什么裤子，搭配什么鞋，冬天还要戴帽子、围围巾，眼花缭乱不知如何是好。

老子说“多则惑，惑则忧”，这种因为选择太多而造成的痛苦真实地存在于现代人身上，并且有个时髦的名字，叫“选择综合征”。我就没有这样的痛苦，我只有一件衣服，睡觉前洗干净晾一晚上早晨再穿，每天花费的精力只有几秒钟，只要拿起来不穿反就行了，我没必要斟酌、比较、纠结，所以也不会因此而产生烦恼。

其实生活越简单幸福指数就越高，任何人都是如此。习惯修行的人便活得很简单，练习瑜伽的人往往不喜欢吃麻辣刺激的食物，他们买回些青菜在开水里煮一煮，放点盐，吃起来就很香。他们穿衣服也很简单，一块布料按照身形简单裁剪缝制，宽宽松松往身上一套就行，甚至都不必找裁缝做。这样看上去极其简单的生活方式其实并不枯燥无聊，反而会让人放下浮躁的身心，回归一种轻松自在的状态。

住房更不必说，现在是“囤房时代”，很多人只要有了钱就迫不及待地买房子，再有钱一些就去投资房地产。有一次一个朋友带我到他的房子去住宿，他开着车绕来绕去竟然找不到自己的房子。他买的房子太多了，那个城市的东南西北各个方位都有，今天有事在城东就住东边的房子，明天在城西就住西边的房子，卖掉一批又不断买新的，有的正在装修，有的长期不住，所以他在黑夜里晕头转向，一直找不到家。如果只有一套房子，天天往返，就是闭上眼睛估计也能回到家。

现代人的出行也是如此。人类发明动力汽车来代替马车是一个进步，速度增加了，提高了出行与做事的效率。可现在满大街都是甲虫一样的汽车，有时候遇上堵车动辄要耗费两三个小时，事情十万火急也没办法，只能干等着。路就这么长，就算不坐车，徒步都有可能走到了，可见有时候坐车反而会限制速度。汽车造成的车祸、污染就不必说了，更离谱的是现在汽车也成为人们攀比的工具，成为炫富、斗富的手段，无形之中极大地激发了人的贪婪之心。

人只有不受自己的欲望驱使，才能活得自在快乐。“得了人事的便宜，必受天道的亏”，一时间满足了自己的私欲，总会在其他地方、其他时间吃亏。“求医药不如养性情”，对物欲有所克制才是正确的养生之道，心情不好、心态不好，拥有再多的钱财也没有用。钱财永远是身外之物，拥有再多的财富，得了不治之症之后同样无力回天。

人生在世屈指算，难活三万六千天。今夜脱鞋放一

晚，不定明天穿不穿。须知盖世金银宝，借你看管几十年，大厦千间难尽占，夜眠只用八尺宽。任你积米有千石，每日能食几多餐，任你衣服有千件，每日何曾件件穿。

这首打油诗其实可以作为人生的注释，可是有几个人能真正看破呢?

无嗔

嗔是生气、怨恨。嗔恨是下地狱的因，嗔恨心严重、动辄对他人怀恨在心的人，其实就像堕入了地狱。地狱是业力所转，地狱的嗔火与嗔恨业力相应。而无嗔的人心境则是平和的、宁静的，不会有这些业力。

轻易便暴跳如雷的人就如同身在地狱，每天都在接受无限煎熬，大动肝火的结果是伤神、伤身、伤人，生活在怒气升腾的环境里简直是“活地狱”。境随心转、相由心生，嗔恨心重的人面目一般都狞恶可怕，缺乏和善的气息。有人说三十岁前的面貌是父母给的，三十岁之后是自己修来的，三十岁以前遗传还占很大一部分作用，而三十岁后人的心力作用完全可以改变自己的面貌。为什么有的人给我们感觉很舒服、很和善，如沐春风；而有的人一见面就不想多接触，想赶快离开他呢？就是因为每个人的心力、念力带着不同的磁场，而他的磁场会给我们造成情绪、心情的影响。收回嗔恨之心，我们慢慢就能改变自己的脾气、品性，甚至相貌。

无痴

痴即愚痴，我们前面说到嗔、贪、痴三毒，它便是第三个。

《西游记》中跟随唐僧去取经的三个徒弟就代表了这三种类型：孙悟空主要的毛病是嗔恨，代表嗔；猪八戒主要的毛病是贪婪，代表贪；而沙僧则代表愚痴。

愚痴的根本原因是看不开、参不透，没有智慧。佛教里的智慧叫“般若”，即般若实相，也是宇宙人生的本相。《心经》里说“不生不灭，不垢不净，不增不减”，这便是本相。这话有些深奥，《金刚经》里还有句简单的：“一切有为法，如梦幻泡影，如露亦如电，应作如是观。”

这些佛学教义是愚痴最好的解药，如果说愚痴是一个饱满的气球，它们就是细而尖的针，轻轻一刺气球的气就泄了。既然人生中的一切都是长流不止、短暂生灭的，又何必太过贪恋执着？恋爱失败、生意倒闭、官场失利、学业受阻，以及人的生、老、病、死，穷、通、寿、夭无不出于自然，所有的经历都只是一个过程，很快就过去了，不必执迷不悟、沉浸于此不可自拔。

《心经》最后说“揭谛揭谛，波罗揭谛，波罗僧揭谛，菩提萨婆诃”，就是说“大智慧渡到彼岸去吧，大智慧渡到彼岸去吧，速速到彼岸去，获得彻底解脱”。佛法是船，是带我们到彼岸去的大智慧，但是到达彼岸之后就要把这个佛法放下。佛教中有一种顿悟的方式叫作“因指见月”，我们顺着手指的方向能够看到月亮，但是不能把手指头当作月亮本身，所以到彼岸后就要把船放下，不能把船继续背在身上往前走。许多人执着于佛法，这种执着其实是把工具当作了目的，会对修行形成障碍，不能做到真正放下。我所说的“放下”，就是要把“放下”本身也放下。

精进

当我们找到了方向、方法，就要努力去做、去实行。比如打坐，学到方法后每天坚持就叫精进，如果三天打鱼两天晒网便是懈怠。

精进必须是正向的，在“八正道”中才能叫正精进。努力的方向要对，方向错了便是南辕北辙，再努力也没用。

香海禅寺的建设就经历了一个不断坚持、不断精进的过程。最初办禅修班时报名的人仅有三五个，但我们并没有因为人少而放弃，照常讲课，后来影响越来越大、人越来越多，如今报名得提前两个月，不然就满员了。

坚持给了我们力量，也给我们带来了变化，如今香海禅寺的禅修课已经驰名全国，给许多人带去了影响与帮助。

做任何一件事，若想成功，最简单也最重要的技巧就是坚持。坚持其实并非技巧，而是做事的基本常识，因为人们往往忽略了、做不到，久而久之反而成了技巧。想治好病、锻炼好身体、升学、赚钱等等，只要认定方向是正确的，就要一直坚持下去。念佛也一样，要往生西方极乐世界并不是一念阿弥陀佛就会有佛菩萨来接引，要坚持潜心修行才行。净土宗修行的时候有“百万佛号闭关”的方法，就是关起门来一天念十万声佛号，除了吃饭睡觉，其他时间都在念佛，念得多了就一心不乱，和佛菩萨感应道交，我们的愿望和诚心便可以被听到了。

坚持不一定能达到我们想要的结果，但要达到想要的结果一定离不开坚持，在正确的方向上坚持不懈便是精进。

轻安

打坐的一个基本目的是轻安，轻安即身心安逸、放松。

刚开始练习打坐的时候可能会心思散乱、身体僵硬，这些都很正常，不必因为无法盘腿就拼命盘。盘腿困难是因为还没有达到轻安，当心轻安了身体自然变得柔软，腿也就能够盘成标准的姿势了。

释迦牟尼佛有次见到他的一个弟子修行得非常痛苦，就问他以前是做什么的，弟子说自己曾经是琴师。佛问："如果琴弦太松能弹出声音吗？"弟子说："不能"。又问："如果琴弦太紧可以发出声音吗？"回答说："声音太尖锐。"的确，在琴弦不松也不紧的时候才能弹奏出各种美妙乐曲，修道之人也是如此，修行要有一定的尺度，太过便成了苦行，甚至从苦行变成苦刑，再变成酷刑，这样就背离了修行的初衷。

我年轻的时候在一家寺院里参加生产劳动挣工分，有位师兄是寺院生产队副队长，比我大十岁，很精进，白天干活，晚上拜《华严经》，一字一拜，一拜一个通宵。他一直坚持这样修行，但人的精力毕竟有限，时间一久便不行了，最后导致了神经的错乱。

佛教提倡做事要讲究中道，儒家称之为中庸，“过犹不及”，任何事情都是如此。

轻安是修行要达到的境界，倘若修了很久身心还不能轻安，一定是功夫没有用对。

生活中处处是修行的道场，要时时刻刻追求一种内心的轻安。一个团队、一家企业也需要修行、需要轻安。倘若每个员工工作期间都能保持轻松愉快，那么整个团队便会极富创造力；倘若大家都心情沉重、死气沉沉，被外在的约束僵化了头脑，便失去了鲜活的力量。

当人处在高度自由、高度轻松的状态时往往是极富灵感和创意的，一家成功的企业，它的企业文化一定有着轻松活泼的部分，而非严谨得古板刻薄。所以经营者要为企业创造一种愉快的、轻松的氛围，让员工保持内心的轻安，如此才能提高效率、提高团队的创造力、提高企业的竞争能力。

不放逸

不放逸就是不懈怠，不懈怠就是有节制地去做事。

禅修一个最大的好处是能够形成觉察力，觉察便是观照，时刻观照自己的内心，明白自己当下处于什么状态。观照仿佛风筝上的一根线，随时可以把自己的心拉回来。怒火中烧、心花怒放这两种情绪都像一股大风，能够把人刮到九霄云外，此时若想让自己的心回归沉静就必须有一根丝线来牵引。其实人生中不仅仅会遇到这两股风，而会遇到八股风，我们要修炼的就是八风吹不动的境界。

修行要精进，不懈怠、不放逸自己。也许有人认为修行是一辈子的事，人生多劫，何必在意这一时一地，偶尔让自己偷个懒也没有问题。有这样的想法，便永远都无法获得成就，一生一世由无数个一时一地组成，累生累劫也由无数个当下组成，今天修一点就进步一点，日积月累便会大有长进。在修行路上没有无用功可言，也没有捷径可走，要时刻警惕谨慎，不能对自己有所放纵。

行舍

行是修行，舍是舍弃。我们通过修行才能够进行正确的取舍。

每个人每一天都拥有 24 小时，该怎样对生活中遇到的人、事、物进行取舍？该怎样规划自己的时间？若每天玩微信、看电视、搓麻将、上网聊天……那么用来干正事的时间就很少，付出精力少的事情很难做出成绩，要想做一番事业就必须重新规划时间、进行取舍。

修行使我们有所选择、有所节制；反过来说，有所选择、有所节制就是修行。

不害

不害，即不做有害于别人的事。

不做有害于别人的事也是在保护自己。犯了法会受到法律制裁；违了纪会受到批评处罚；做了昧良心的事便逃不过因果报应，所以伤害别人终究等于谋害自己。

人生在世要懂得见贤思齐，见不贤而内自省。古人云“见善如不及，见不善如探汤”，要分清善恶、戒恶扬善、防心离过。善恶其实有着明确简单的分界，无损于世者便谓之善人，有害于世者便谓之恶人。

一颗无害的心一定是慈悲的，慈悲需要以智慧作为引导，悲智双运是做事时最圆满的境界。

唯识宗讲的这十一个善心所是我们平常修行需要观照的，我们要时刻记挂在心，时刻提点自己。

六祖慧能临终前说了这样一首偈子：兀兀不修善，腾腾不造恶，寂寂断见闻，荡荡心无著。我把它抄写下来挂在了床头，用来对照、提醒自己的行为举止。

我还喜欢另一句话：莲朝开而暮合，至不能合，则将落矣，富贵而无收敛意者，尚其鉴之；草春荣而冬枯，至于极枯，则又生矣，困穷而有振兴志者，亦如是也。

莲花早晨开了晚上就合起来，如果哪一天不能合起来，这朵莲花就要落了；富贵的人就像莲花一样，如果不能有所收敛、有所克制，这个家族就要衰败了；地上的草春天焕发生机，到冬天便枯萎，枯萎到尽头，春天又开始生发；一个穷困的人有远大的志向便和这草一样，穷困到了尽头也会发达起来。

这是宇宙运行的法则，人与自然都只能顺应，无法改变。我们修炼自己便是在顺应宇宙法则，用这十一个善心所来时常观照自己，如此才能收获圆满的功德。

第二章

无　碍

打破执着，打破一切旧有的习气，从一种全新的角度来看待问题。

一个人能取得大的成就不仅在于他能做成多少艰难的事情，为常人所不能为，更重要的是，他能把一件简单的事情做到极致。西方哲学史中有一个典故，苏格拉底让他的学生们做一个简单的摆手动作，每天坚持，刚开始大家都很乐意做，可是一个月以后继续做的人已经寥寥无几，一年以后只有一个人还在坚持，这个人就是柏拉图。柏拉图是苏格拉底最得意的学生，也是继苏格拉底之后古希腊最有影响力的思想家。

禅修中的一项重要内容便是打坐。打坐看起来是件简单的事情，其实坚持下来并不容易。如果喜欢禅修，对打坐也抱有浓厚的兴趣，那么通过自己的毅力不断坚持，就能慢慢养成打坐的习惯。

人生总会遇到各种各样的问题，这些困难正是我们成长过程中必须面对的考验。做一件事情遇到艰难险阻，想要放弃的时候，就问一问自己是否真的到了山穷水尽的地步，是否能够继续坚持，只要咬牙挺过来了，就会有所成长。同样，一支团队要发展壮大，团队中的每个成员都必须有咬牙坚持的毅力，如此才能磨炼出整个团队更加强大的实力和抗风险能力。

我们要坚持的事情首先要正，不能出于一己私欲，要对他人、社会、世间众生有益。在正确的事情上坚持不懈才是正精进，否则越是坚持只能越是步入歧路。香海禅寺的禅修班便是如此，创办之初，我们面临着缺乏老师、资金、生源等诸多问题，这些问题每一个都能够对禅修班造成致命的威胁和打击，但是我们知道这个方向是正确的，我们所做的是为了利益一切众生，因此无论如何也要坚持下去。

打坐对于我们来说是一种正精进，是一种休养生息的方法，同时也是我们观照自己、改变自己、塑造自己的方法。我们要坚持打坐，坚持三年就会发现自己发生了不可思议的变化。坚持不仅要过自己这一关，还要顶住外界的压力和他人的误解，只要是对的，即使得不到认可也要坚持到底。如果因害怕困难而轻言放弃，最终只能后悔不迭。

这样的例子并不鲜见。1950 年，费罗伦斯·查德威克因为成为第一个横渡英吉利海峡的女性而闻名于世。两年后，她再次挑战：决定向另一跨度更大的海峡——卡塔林纳海峡挑战，即从加利福尼亚海岸以西 21 英里的卡塔林纳游向加州海岸。要是成功了，她又将成为第一位游过卡塔林纳海峡的女性。但遗憾的是，这次挑战并没有成功。她游了漫长的 16 个小时后，海面上突然大雾弥漫，她找不到方向了，瞬时感到筋疲力尽，海水寒冷刺骨，于是请求教练将她拖上救生艇，当时教练和她的母亲都告诉她，再坚持一下，离海岸不到一千米了。但是她朝加州海岸望去，浓雾弥漫，什么也看不见。最后，在她的再三请求下教练只好无奈地在离加州海岸只有半英里的地方把她拉上了船。在船上喝了杯热茶的工夫，她就看见了海岸，甚至听见了海岸上人们的呐喊声，为此，她后悔至极，面对采访的记者说：我不是为自己找借口，如果当时我能从浓雾中看见陆地，也许就能坚持下来。”

以前我在普陀山佛学院教学，周末时常带学生去拜山，三步一拜直到南海观音，每次大概要拜 4 个小时。到达紫竹林的时候差不多拜完了 2/3，这个时候便会有很多人坚持不下去而选择了放弃。其实我自己也拜得汗流浃背、头昏脑涨，每一次跪下去几乎就站不起来了，但是我默默告诉自己一定要坚持住，不管前面付出了多少，如果在即将抵达终点的时候放弃就真的失败了。越到后面越艰难，然而越在这个时候就越需要坚持下去，凭借着这种自我鼓励，我每次都能拜到终点。到达终点以后再回头看时，发现这个过程并没有想象中的那么难，咬咬牙就挺过来了。

如果我们能够认识到一件事并没有想象中那么可怕，那么我们就有了坚持下去的动力和毅力，心中有信念、有目标、有原则，才不会忘记初衷，才能有不断自我激励、不肯轻易言弃的力量。

佛教中的“四圣谛”指的是苦、集、灭、道四谛。在这里我想与大家详细分享一下“苦”谛。

其实每个人都长期处在各种各样的痛苦之中，坐久了会腰酸背痛，站久了会腿痛脚麻；肚子饿了便想要吃饭，吃多了又难受。行住坐卧里都包含着苦，生老病死更是如此。

每个人在出生的时候便要经历一场无法记忆的痛苦，在娘胎里没有丝毫忧虑，不怕风吹日晒雨淋，出生之后，冬天要忍受严寒、夏天要忍受酷热，所以人出生的时候总是哭泣着的。等到人年纪大了，身体便会每况愈下，牙齿脱落、眼睛模糊、耳朵失聪，腿脚越来越不灵便，病痛越来越多、越来越严重。

正因为人生在世要历经这么多的苦痛，所以我们才要不断修行。修行其实就是用智慧去面对痛苦、化解痛苦，最终从痛苦之中解脱。

我有个朋友得了癌症，之前白白胖胖的，后来被病痛折磨得十分憔悴，眼睛流脓、鼻子流血，痛苦得一刻都不得安宁。《祭神论》中形容死亡就像把乌龟的肉和壳分裂开的状态，但在佛学中，只有没有修行的人才对死亡缺乏正确的认知，所以心中充满恐惧。

其实我们不必畏惧死亡，苦谛告诉我们活在这个世间是一种痛苦，既然事事都有痛苦相伴，那么死亡又有什么好怕的呢?

佛典中有这样一个比喻：天上的人看世间的众生就像我们看厕所里的蛆虫。厕所中臭气熏天，可是虫子们却在享受美餐，在天上的人眼里，我们这个所谓的美好世界其实也和臭气熏天的粪坑一样。我们自认为的美好也可能是一种痛苦，只不过我们不自知罢了。

就像人们都喜欢有钱、热闹，可是有钱了、热闹了就会快乐吗？殊不知这样的快乐后面隐藏的恰恰是孤独之苦，即使被人群簇拥也无法摆脱内心的空旷虚无。

我们只有真正认识到什么是苦，才能坦然面对这些苦。苦是内心对世界错误的解读而产生的烦恼，烦恼主要来源于见惑和思惑。“见”有无见、身见。比如，考虑问题总是以自我为中心，拿自己的标准去看别人所带来的各种各样的问题，这就是身见。想要破除身见，就要改变自己的观念、思维和行事方法。

人的一生都在变化，小时候可爱，长大了叛逆，青年结婚，中年成熟，晚年衰老，最后辞世。事物在变化之中向前推进，这个道理就是空性，物有成、住、坏、空，人有生、老、病、死，大自然有春、夏、秋、冬，万事万物都逃不过这种规律。一个人今天是这种状态，明天也许是另外一种状态，今天成功明天可能会失败，今天失败明天可能会成功。参透了这些便能够放下执着，痛苦也就没有那么剧烈了。

学佛并非简单地烧香拜佛，而是要把佛的智慧深入到我们的心里，去改变我们的人格、改变内心与世界的关系。禅修是学佛的一种途径，修一颗安定的心，忍他人不能忍之事，把恶劣的环境当成一种历练，把不如意的事情当作对自己的考验，不执着于痛苦、不汲汲于富贵，让自己拥有一种定力与沉稳的心性。

禅定最高的境界是无我，忘掉自我，忘掉别人对自己的评价，把心思完全专注于所从事的工作中。人在忘我状态下的力量是非常惊人的，顾虑太多反而难以成功。

我们修行中最大的障碍便是执着于色身，一是执着于自己的色身，太过自恋、太过看重表面形象；二是执着于他人的色身，情色邪淫、被情所困。

想要破除对色身的执着、贪恋，可以去见证一场死亡，看看人们在临死前和死去后的状态，看到一个人死亡的过程能够对我们有很大启发。西藏人至今仍旧保留天葬的习俗，把身体斩成段，让灵鹫叼走，然后把头骨敲碎，整个人像一只木偶一样扔在地上，头上有脑浆崩裂出来。面对这样触目惊心的情景，会有一种心被击中、射穿的感觉。这个时候我们便会发现，人的身体其实十分普通、寻常，死后不过一堆白骨，在冰冷的地下腐烂发臭。有了这样的感触和认识，这一介色身还有什么值得执着的呢？

人的很多烦恼、心结，其根源都是自己。最根本的问题没有解决，其他问题也很难得到解决。不快乐的时候去喝酒、唱歌、赌博，用麻醉自己、刺激自己的方式寻找快感；渴望富有、挣钱，觉得有了钱才有安全感，这些都是对生命、对生活的错误认识。

生命迟早都会终结，心脏总有一天要停止跳动，我们应该关注和在乎的是怎样在有限的生命里做一些有意义的事。世间种种，熙熙攘攘，无非是挣钱多一点或少一点，吃得好一点或差一点，穿得华丽一点或简朴一点，座驾高档一点或普通一点的区别而已。很多人一面感叹光阴短暂，一面又无所事事，用吸烟、喝酒、搓麻将来打发时间，这完全是在浪费生命。如果这样活着，多活十年少活十年又有多少区别呢？整天庸庸碌碌，长久的生命只会成为痛苦和折磨。

参透了人生种种，才能豁达地面对生死，无论荣华还是穷困，都会不忧亦不惧。每天观照自己的生活，观照自己奉献给世界的光芒和力量，这样的存在才是有意义的。很多人只希望索取不希望付出，总是把自己幽禁在自我的狭小空间里，生怕别人占了自己的便宜，这样狭隘的观念只会造成更多痛苦。

除了对色身的执着，我们生命中的痛苦还有另外两个来源，即佛法中所讲的人对生命的两种偏见：常见与断见。常见认为生命是永恒；断见认为死后什么都没有了。

其实这两种观点都不正确，生命永远处在生灭变化之中，既不是永远不灭，也不是死后即空。

知道什么叫常见、什么叫断见并不重要，重要的是我们应该明白生命中的真理。佛教是追求真理的，它提倡我们去探索宇宙万物存在的大道，并且要遵循这个规律去生存,简单地说就是破除表相看到事物的本来面目。

我们的一己之身是表相，而我们与世界、与众生的关联便是本质。一个人只有把自己放在芸芸众生之中，才能实现自己的价值，执着于眼前的利益是小人行径，不是君子所为。如果我们每一个人能把自己的人生价值与整个国家、世界，与世间万物融为一体，那么我们在向世界贡献自己力量的同时，自己的生命也会在潜移默化之中慢慢改变。众生之忧就是我们的忧虑，众生之乐就是我们的快乐，众生的梦想就是我们的梦想，与众生合而为一，站在众生的角度去思考问题的时候，我们的潜力是无穷的。

禅宗有个观念叫“不破不立”，打破自己的执着、打破自己一切旧有的生活习惯，从一种全新的角度来看待问题，才能让自己的视野和格局更开阔，才能让自己的人生更加圆满丰盛。

除了上述错误的知见外，我们还有可能产生邪见。“邪见”即为邪恶、歪曲、黑暗、堕落的见解，它能够破坏我们的健康、阻碍我们迈向正道。邪与正、黑与白、烦恼与清凉之间都是对立的关系。

许多人喜欢搞自我崇拜，年纪轻轻就效仿伟人，给自己立像。伟人的雕塑是用来警醒后人的，人们看到雕像后就会想到他的功绩，以此作为自己前进的动力与目标。一个平平凡凡的人，又没有取得重大成就，为什么要给自己立像？也许根本就不会有人看一眼，甚至有一天会被众人唾骂、嘲讽、推倒。

正教是为了众生的利益而存在的，传教的途径也光明正大，不会做任何有损他人利益的事情。佛教徒把释迦牟尼佛尊称为教主，其实这个名号是后人冠给他的，他生前从来没有这样称呼过自己。释迦牟尼佛给自己的定位是一个发现宇宙万物存在真理的人，并努力把这种真理传授给他的弟子，希望他们能够将其发扬光大，利益更多的人。

我有个朋友曾经花了很多钱去学习一堂名为“和子”的课程，后来他开始学习佛法，发现这课程其实就是佛教里面讲的唯识学。种子撒到田里，遇到阳光、水、温暖的气候自然发芽。人也是如此，要在一定条件下才能起现行，在什么样的环境中成长就会形成一种什么样的状态，最终也会得到一种什么样的结果。种子长成参天大树需要一定的条件，人从一个普通人成长为一位贤者也需要满足一定的条件。

佛陀在世的时候看到别人在苦行林中做各种各样的苦修，他们在野外像动物一样生活，忍受严寒酷暑的煎熬，有学老鼠躲在洞中修行的，也有学乌鸦栖息在树上修行的，这叫见取见；有的人身上只裹一块布，有的人不吃饭只吃草，通过各种各样的奇怪方式来对治自己的欲望和烦恼，这种方法叫戒禁取见。这些方法虽然很苦，但是都是以“我”为修行的中心，是无法悟道的。

造成人痛苦的根本原因是“贪、嗔、痴、慢、疑”这五种思惑和不正见，断灭了这几种烦恼也就断除了人的痛苦，我反复提到的禅定便是断灭烦恼痛苦的方式之一。

修行中的人如果在有生之年证到涅槃境界，就属于有余涅槃，有余涅槃的状态是没有烦恼只有清凉，没有痛苦只有快乐，没有贪欲只有悲悯，虽然表面上和其他人一样离不开基本的物质生活，但是心不会被外在的东西所挂碍，不会被世间的任何事物所左右。

如果我们的心胸像虚空一样开阔，便没有什么事情能打击到我们，面对误解、诽谤、病痛、死亡，我们都可以泰然处之、不动声色，如此便获得了有余涅槃的清凉无碍。

第三章

安　住

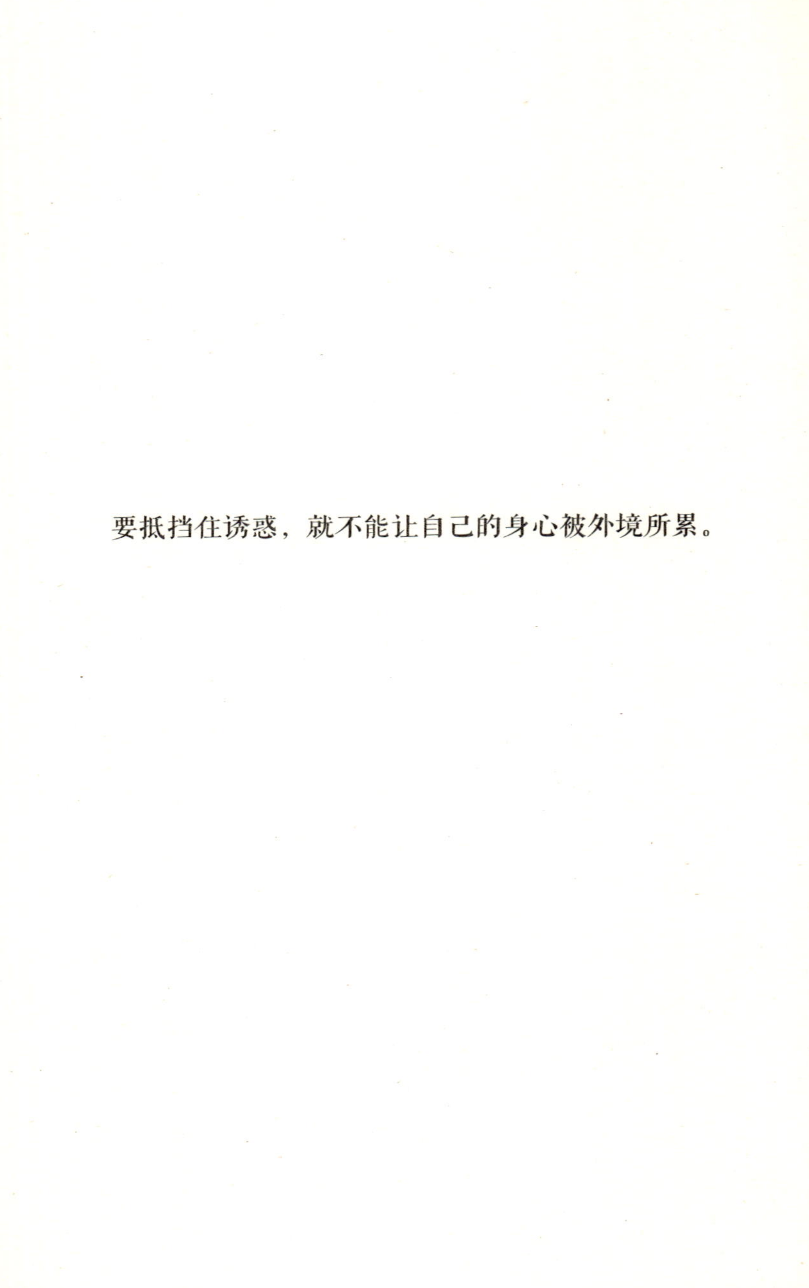

要抵挡住诱惑，就不能让自己的身心被外境所累。

第三章　安住

人若能安住自己的心，情绪便不会被外界事物所左右，能够时刻保持心中的平和愉悦，如此，做任何事情都会既高效又快乐。一个能安住其心的人内心是充实丰盈的，即使家财万贯、富可敌国也不会觉得高人一等，即使穷困潦倒、沦为乞丐也不会觉得低人一分。这便是一个修行人该有的状态。

有时候，我们并没想过要去跟谁比，可是别人却早就把我们看成了虎视眈眈的敌人。这样的行为与方式定然源于世俗的眼光与观念，没有放下荣辱悲喜和攀比之心，没有领悟到佛法的真谛，处处想着胜他人一筹，难以接受别人的发展进步。当然，我们或许也都经历过这样的事情，明明是好心去做一件事，偏偏有人误会自己别有用心，此时我们应该冷静面对，无须生气也无须争辩，安住自己的心，做好自己的事情就足够了。

用世俗的眼光去解读世界得到的只会是世俗的人生，要想走出一条与常人不同的生命轨迹，就要用超越世俗的眼光来解读世界。佛法正是这样一种超世间的智慧，佛学是站在宇宙的高度来看待、理解世间万物的，它所讲的是宇宙万物的生存大道。

人的生老病死、物的成住坏空是自然的发展变化过程，变化才是不变的真理。秦始皇生前叱咤风云，年老体衰了照样会离开这个世界，三国时代各路英雄豪杰数不胜数，如今又在哪里呢？每个人都知道自己是哪个家族的成员，但是祖先的坟墓在哪里？有多少人还记得？死是任何人都逃不过的事实，不管这个人功勋卓著还是平庸无为。

世间万物的本质是缘起性空，但是世人都容易被虚幻的假象所迷惑，看不清事物的本质。《金刚经》曰："无有定法，名阿耨多罗三藐三菩提，亦无有定法，如来可说。"《心经》曰："诸法空相，不生不灭，不垢不净，不增不减。"这些都是在教大家不要着相。接人待物如此，行善布施也要如此，无论什么事都能够做到"无我、无人、无众生、无寿者"，就是在行菩萨道了。

如果做什么事情都带着明确的目的性，我帮你烧菜你就要帮我洗碗，我提拔了你你就要送一份厚礼给我……这些都是着相、放不下自己的表现。凡事看重回报，结果往往会适得其反。比如现在的很多年轻人做什么事情都急于求成，工作上，半年里跳好几次槽，即便再有才华也没有老板敢聘用；感情上，与恋人相识不到一个月就结婚了，结果结婚不到三个月又离婚了。生活中没有什么事情是付出后就可以立即得到回报的，急功近利无法成就大事业，越大的事业，其结果往往显现得越慢。

做事情不应着相，布施更不应着相。但是向别人布施时也不能心中一直想着“我是做无相布施的，我不求回报”，这样想的时候其实就已经是着相了。佛、菩萨都是救苦救难、普度众生的，他们便不着相，不会因为救济了他人而沾沾自喜。

《金刚经》中曰：“所有一切众生之类，若卵生，若胎生，若湿生，若化生；若有色，若无色；若有想，若无想，若非有想非无想，我皆令入无余涅盘而灭度之。如是灭度无量无数无边众生，实无众生得灭度者。何以故？须菩提，若菩萨有我相、人相、众生相、寿者相，即非菩萨。”“所谓不住色布施，不住声、香、味、触、法布施。须菩提，菩萨应如是布施，不住于相。”这是说菩萨在度众生时是“无我相、人相、众生相、寿者相”的，如果有这些相就不是菩萨了。菩萨做布施不住色也不住于声香味触法，六根皆清净无染，不被六尘所扰。理解、运用这个道理，会给我们的生命带来智慧与财富。

不着相即“放下”，放下不是放弃，不是什么都不要了、不努力了、不期望了，这些都是悲观、是逃避，与佛教普度众生的精神是不相符的。放下是对所追求的事物不执着，该做的事要做、该付出的努力要付出，不计较结果得失，能得到时就安然地接受它，得不到时也不会伤心惆怅。世间的一切本来就是变化无常的，我们又没有神通，如何能心想事成，让世界围着自己转呢？

商人对财富应该做到不着相，追求财富本身是无可厚非的，但是如果仅仅把财富理解成物质就很容易陷入其中，执迷、沉溺于金钱，最终被钱财驾驭，为了赚钱而赚钱，得到了金钱却失去了本性。金钱能够带来物质的满足，却不能带来真正的幸福和生命的意义。财富可以成就一个人，也可以毁灭一个人，主要看人怎样利用它，为人所用、服务社会才是金钱的意义与价值所在。有些人有了钱以后就去做慈善、奉献社会、提升自己的生命品质；有些人有了钱之后却花天酒地，身心堕落，二者行为不同，福报也会有天壤之别。

也许每个人都有过“人在江湖，身不由己”的感觉，被外境左右、被身边的人推着走。其实并非身不由己，而是在乎的、放不下的东西太多了，心存贪恋，拼命追求金钱、地位、情感，越追求越是给自己画地为牢，最后想放下都变得很困难。人不能被外物所奴役，而想做到这一点，就要打破贪恋的樊笼，放弃心中的执迷、贪着。

全国有九成以上的寺院是禅宗道场，沿袭的是慧能大师的思想。禅宗提倡生活禅，生活就是道场，每一件细微的事情中都有禅。能在某个领域做出惊人成就的人一定是具备相当的禅定功夫的，只有定心才能静心，集中心思去做好手中的事情。定力是产生智慧的先决条件，因为有定力的人明白什么事情该做、什么事情不该做，知道哪些是必须坚守的原则、哪些可以随机应变。能够明辨是非，有所为有所不为，这就是一种智慧。

世界五彩缤纷，诱惑是一直存在的。要抵挡住诱惑，就不能让自己的身心被外境所累，不能因为外界的诱惑而堕落。要有禅定功夫，对外境可以看、可以听闻，但不要攀缘。看电视选定自己要看的频道，就不必去想其他的频道放的是什么节目；决定吃素就不要在乎别人是否吃肉；住在茅舍就不要因为别人住高楼大厦而不开心……安贫乐道不是消极，坚持己见也不是固执，这些其实都是智慧。

生活习惯好的人一般身体会比较健康，生活习惯不好的人身体也不会太好。生活习惯不仅影响身体状况，也影响着人的性格，有的人生活简单、饮食清淡，性格也是安安静静的；有的人喜欢浓重的色彩，比较好动，生活也丰富多彩。所以想要收获健康的身体、宁静的心态，就不能对外界、对他人有太多的要求。人无欲无求就会变得简单，越是贪得无厌烦恼反而会越多。

我们的身体跟心灵的关系是怎样的？我们自身跟家庭的关系是怎样的？我们个人跟社会、跟自然的关系又是怎样的？一个人怎样看待周围的事物就会做出怎样的选择与取舍，就会与他人、与外界存在怎样的关联。正能量的人能够把敌人转化成朋友；没有能量或负能量的人会在不经意间得罪身边的人，把本来对自己抱有好感的人也转化成了敌人，最终落得孤家寡人、无路可走的地步。来到我们身边的人都有着累生累世的缘分，这种缘分可能是善缘也可能是孽缘，如果是善缘就要好好珍惜，如果是孽缘也要努力去转化它，把它变成善缘。

一佛出世，万佛护持。这句话诠释出了人与社会的关系。每个人在这个世界上都不是孤立的个人，一个人做事情会影响到身边的人，想要获得成功也需要别人的帮助，人生就是在不断帮助别人与被别人帮助中向前迈进的。如果在生活中不断培植善缘，无论做什么事情身边总会有人护持、帮助，这样的人事业比较容易成功，人生也会走得顺畅些；如果培植的是恶缘，做什么事情都会受到阻碍与羁绊，寸步难行，很难成功。

培植善缘就要不断去利益别人，积善积德、利益众生，这样即使在困境中也会得到贵人相助、化险为夷。懂得利益别人其实就是慈悲和智慧的表现。慈悲与智慧如同车之双轮、鸟之双翼，在一个人的生命历程中同等重要、缺一不可。

第四章

了　悟

世间万物都是由各种因缘条件组合生成的。

第四章　了 悟

在古代，士大夫一生一般要经历三个阶段，同时也是经历三种不同的思想境界：年轻的时候意气风发、积极进取，有强烈的功名心和治国平天下的豪迈气概，用儒家思想来指导自己的行为；人到中年，经历了人事的起伏和岁月的蹉跎，心中疲惫，发现理想并非那么容易实现，于是在苦恼和焦虑之中去学道，去寻找内心的平衡，意欲回归自然、退隐山林；老年后，经历了一生的沧桑不免看淡世事，开始喜欢佛学圆融的思想，将佛教精神与教义融入自己的生活之中。

为什么学佛放在最后呢？因为想要理解佛法的思想，没有人生的阅历做铺垫是很难入门的，佛法高深难解，甚至听起来有些枯燥，故而对年轻人讲佛法，他们一般很难听进去。

其实佛法就隐藏在日常生活的琐碎之中，生活的体验越丰富对佛法的理解便越精深。人在生命过程中不断历练、成长、升华，这一过程中有挫折、痛苦，有感情的纠葛、事业的不顺、人际关系的失衡，等等。每一件平常、细微的小事组成了我们丰富的阅历，我们要做的就是去认真体验每一个过程、每一个当下，扮演好自己的角色、坚守好自己的岗位。

对佛学思想的理解需要经历一个不断深入的过程，因此学佛也要看机缘、根器与福报。其实我们能够接触佛法便已经与佛有缘，剩下更为重要的则要看自己的根器、福报和修为了。

佛教是世界三大宗教之一，它为什么能广为传播、香火不断？这得益于它的创始人释迦牟尼。

释迦牟尼是古印度北部迦毗罗卫国的王子，身份高贵显赫，拥有无尽的财富和至高的权力。可就是这样一个身份、地位、财富都令人羡慕不已的人却在青年时期选择了出家。“贫穷布施难，富贵学道难”，一般选择修道的不是贫穷困苦、历经磨难的人便是有大智慧之人，释迦牟尼属于后者。他出家并非一时兴起想要体验生活，而是看到了人生的苦难，意欲寻求解决之道。

创教之初，跟随释迦牟尼的大多是达官贵人，他们有地位、名望，生活得非常舒坦。这样一群看起来养尊处优、五谷不分的人甘心追随释迦牟尼的脚步，不是因为他的个人魅力有多大，而是因为佛法自身的感召力与吸引力让他们甘愿抛弃荣华富贵。

一个人如果放不下名闻利养，便很难走入佛教的大门，能真正走入佛门的人都是大智慧者。智慧之人能够抛却功名利禄，追求人生究竟圆满的解脱，能够站在六道之外看待这个世界，亦能够站在无尽的虚空看待六道，目光恢宏、深邃，尘世的一切都不会成为他的障碍。普通人没有这个眼光与境界，也就不能真正理解佛法。有人认为信佛是老太太的事，或者是事业不成功、恋爱失败的人用来寻求心灵寄托的自欺欺人行为，还有人见了和尚用手机、电脑等智能产品仿佛见了外星人一样惊讶，看到出家师父开车、学外语更觉得不可思议，这些都是对佛教的偏见。

信佛就要抛却世俗的眼光和利禄的诱惑，沉下心来修为自己，认真礼佛、打坐。很多人在学习佛法的过程中不能做到专注，一会儿想自己的生意，一会儿想自己的工作，一会儿想自己的孩子，一会儿想自己父母、朋友……脑子里充斥着这些想法，就是被财色名利、七情六欲主宰了人生的方向，把名利当作指南针，长期下去就找不着北了。

信佛不能迷信，不要以为信了佛之后，只要拜菩萨、烧香、念阿弥陀佛就能帮我们解决生活中所遇到的一切问题。有的人生意不好，不努力做产品，却去求菩萨保佑自己财源滚滚。有的人喝酒又抽烟，却求菩萨保佑自己身体健康。如果什么事情都可以求菩萨帮忙，那世界上的人早就全都信佛了。因此，学佛要学习佛的智慧，而不是对佛陀或经文进行盲目崇拜。佛是过来人，人是未来佛，佛与众生本无差别，只不过他开悟了，改变了自己。如果一个人信佛，但又不肯改变自己，那么即使整天磕头烧香、祈祷佛祖保佑也无济于事。依报随着正报转，正依不二，自身没有做出改变，因缘果报便不会改变，想要改变自己的处境，就要不断进行自身的修行。

修行从本质讲就是改变，修是修改，行即行动。改变自己是修行至关重要的一步，如果一个人说自己修行了几十年，可他本人却一点也没有改变，那么他一定没有真正修行，只是在做样子。禅修的一个重要内容便是时时观照自己，及时修正自己，遇到问题便分析其中的原因，寻求解决的方法，不能解决说明还没有参透，仍旧有所障碍，需要继续修行。

佛法的思想究竟圆满，需要慢慢参悟。我们也应该像古代的士大夫一样，在了解佛教思想之前，首先对儒家与道家的思想、理念有一定的认知和了解。“人成即佛成”，学佛的前提是把世间的事做好，有了入世才能谈出世，就像爬楼梯要先上一、二层楼才能到达第三层，几乎没有人能够飞檐走壁一下子跳到最高点。

释迦牟尼之所以能成佛，是因为他有着累世修行的基础。他在年龄尚小的时候见证了人的生老病死，由此而生起了极大的出离心。他认为王位与权力不能帮他实现人生的意义，于是选择出家修行以追求生命永恒的解脱，孑然一身云游四海。

在悟道之前，释迦牟尼几乎学遍了所有的教法。当时的印度有许多教派：拜火教见了火就拜，把火当作神灵；苦行僧一年四季只吃林子里的水果，释迦牟尼向他们学习，差点饿死；还有外道之人学牛吃草，认为把自己训练得像牛一样就得道了，有的向鱼学习，天天泡在水里，有的向树学习，整天站着不动……

释迦牟尼仿照这些奇怪的行为修行了一段时间，后来发现他们的思想都不究竟、不圆满、不彻底，不能得到最终的解脱，于是放弃了这些无谓的修行，独自走到菩提树下打坐、参悟，最后夜睹明星而开悟，悟出了“缘起性空”的思想。

缘起性空是佛学中的一个基本思想。如何理解呢？比如，我们都知道一把椅子由木头、钉子、人工劳动组合而成。但是单纯的木头不能叫椅子，单纯的钉子不能叫椅子，单纯的人工也不能叫椅子，把这些事物与条件有机地组合起来才能造出椅子。世间万物都是由各种因缘条件组合生成的，椅子由各种因缘组合在一起才名为“椅子”，这些因缘条件一旦散离，椅子也就不复存在了。万物的这种缘聚则合、缘散则灭的性质便叫作“空”。

释迦牟尼悟出缘起性空的思想后开始初转法轮，讲四圣谛：苦、集、灭、道。“苦”即苦恼、世间苦果，了解了苦的根源便是“集”，之后便要“灭”，“灭”之后就得了“道”。

释迦牟尼讲了四十多年的四圣谛，但是到了晚年他却说自己什么都没有讲过。《金刚经》中曰：“说法非说法，是名说法。”佛陀这样说并非在否认自己的观念，当然其中蕴含着缘起性空的道理，这样的句式几乎可以用来形容任何事物。

《金刚经》中还说“丈夫非丈夫，是名丈夫”，意思是你的丈夫只是暂时做了你的丈夫，世事无常，也许你们会因为情感问题而分离，或者因为灾祸与疾病难再同林；以此类推，还可以说“钱非钱，是名为钱，”不要对钱执着，钱财会聚亦会散，要以出离之心去看待金钱，不能被它奴役；“员工非员工，是名员工，”遇到突发状况而老板不在，你能够站在老板的角度去思考、合理地处理问题，那么你就不是员工而是老板了……角色的定位可以超越，一旦打破它、超越它，人就有了无限的可能。

竞赛中的运动员如果一心想要得第一，反而不容易拿到冠军，因为名次的念头已经成为一种束缚、一份负担、一把枷锁。倘若心中只有终点没有名利，便能进入浑然忘我的状态，把身上所有的潜能发挥出来，这时可能更容易得到冠军。

“冠军非冠军，是名冠军”，即使得了冠军，也是暂时的，也会被人超越，也只是在某个阶段保持冠军头衔。这样想来不得第一名又如何呢？想清楚这些，身上的负担和枷锁就去掉了，轻松上阵，能量才有可能发挥到极致。

曾经有个真实事件，一个婴儿从八楼掉下来，母亲以最快的速度冲到楼下接住了孩子。后来很多消防队员都去演示，却怎么也达不到那么快的速度。这位母亲并非有特异功能，只不过当时她的心里只挂念着孩子，奔跑时心无杂念，母爱赋予她专注的力量，激发出了她的潜能。一个人心中没有了任何顾虑，只想着把事情做好，潜能才有可能发挥到极致。

古代印度人的寿命一般很短，只有三四十岁，而释迦牟尼活了 80 岁。在他涅槃多年后，弟子们担心他的思想、言教被遗忘，便聚集在一起，由记忆力超群的阿难口述，记录成册，前后共结集四次。

在汉明帝永平年间，佛教传入中国，当时翻译佛经的出家人是能够与世界接轨之人，懂得外语、学问高深，算得上是顶尖的知识分子了。其中有一位著名的佛经翻译家，名叫鸠摩罗什，最早版本的《金刚经》便是由他翻译的，至今仍是流通最为广泛的版本。他出身于天竺望族，当时很多国家为了争夺他甚至动用了军队。鸠摩罗什的母亲是皇帝的妹妹，父亲是宰相，相传，他的母亲怀他的时候记忆力与理解能力都倍于从前，他的舅舅是一位公认的辩论大师，但彼时都辩论不过他的母亲。所以他舅舅当时便断定这个孩子天赋异禀，将来绝非常人，果然，多年之后鸠摩罗什为佛教的发展作出了卓越的贡献。

在那个历史时期，出家人是人天师表，鸠摩罗什的四大弟子学识、家境都十分过人。“黄金白玉非为贵，唯有袈裟披肩难”“出家乃大丈夫之事，非将相所能为”，出家有年龄限制，要度牒，还要考试。学佛求道的意义在于追求人生的终极真理，在于自我超越、自我解脱，让生命获得无与伦比的大自在，出家人便是在追求这样的大自在，同时去度化他人、利益众生。

当然并非每个人都要出家，但是我们可以学习佛法，将佛学理念运用于生活之中，改变自己的人生境遇、提升自己的生命品质。

有大成就的人都是善于学习的，即使历尽艰难坎坷也不会停下学习的脚步。释迦牟尼就非常好学，19 岁离家后便遍访名师，十分博学，与“发愤忘食，乐以忘忧，不知老之将至”的孔子十分相似。

每个人都要像一棵树，根扎得越深汲取的营养就越多，生长得便越稳固，每一个枝叶都拼命吸收阳光雨露，慢慢就能够树冠参天。人在成长的过程中，不断汲取各种知识、智慧，生命就不断接近圆满状态，反之则会生活在愚昧之中，甚至有些人还认识不到自己的愚昧，那就是更深一层的悲哀了。就好像有的人读书是为了消遣，看电视是为了打发时间，游山玩水是为了散心；而有的人读书却是为了进步和成长，有的人看电视是为了开阔视野，有的人游山玩水是为净化自己的身心，感受自然的力量。生活中，我们要在各种经历中悟道、明理、圆满自己的人格和思想。如果看了书却仍然一无所获，就等于把时间浪费掉了，知识没有丰富、灵魂没有成长。

学习佛法也是这样，阅读经书、静心打坐时有没有全身心投入？眼睛、耳朵、心灵、精神是否都集中在了佛法之中？如果心总是跟着外缘跑，借着六根附着在六尘之上，没有回归灵性的观照，那么即使整天打坐参禅也毫无用处。

生活中要把观照当作一种习惯。念佛时读到那些富含哲理的句子有没有真正理解、领会？每一次打坐有没有神清气爽、大有收获？如果不能在这些过程中对自己进行观照，无论多么短促的时间都会觉得太漫长、太痛苦、太无聊，他人的讲解在自己听来便是一堆废话，着实成了一种折磨。

现在有许多信众喜欢到寺院修行，但是如果抱着休闲放松的心态前去，可能会很失望，吃饭没有肉，还要念经，睡觉时旁边有人打呼噜，早晨5点起来敲板让人不得安宁，晚上9点睡觉，没有电视、电话、网络，会觉得生活无聊烦闷。会有这种感觉是因为心还没有调到修行这个“频道”上来，离真正的修行还很远；如果心在这个“频道”，即使不到寺院去，不打坐、不念经照样能修行。

禅修首先要调伏我们浮躁散乱的心，生活中充满零星琐碎的事情，想要活得快乐、顺遂就要不断学习、磨砺自己，扮演好自己的角色，当一个称职的家长、妻子、丈夫、孩子……每个人都需要经历生活的磨难。在金庸的小说里，武功高强的人大多都经历过很多磨难，有了磨难的砥砺才能够在高手如云的武林中出人头地、名动江湖，修成一代宗师。

六祖慧能当年初到寺院，师父不让他听经闻法，而是让他到厨房舂米当伙夫。他得到衣钵正传之后因遭人妒忌而被追杀，迫不得已在猎人群中隐藏了十几年。猎人是个杀生的职业，与他信仰的佛教教义正好相反，但他不能外出一步，因为只有这个地方是安全的。这样一个煎熬的过程也正是他自我调伏的过程，在猎人群、屠宰场甚至地狱里，都可以修行。

有人认为修行就是理解佛法与生活中的朴素哲学，其实明白这些仅仅是修行的第一步，若想真正达到知行合一的状态就必须不断进行实践，如此才能慢慢做到功德圆满。

观照是一个长期的过程，无论顺境还是逆境都需要观照，让自己时刻“觉醒”。人生应该保持“活水流动”的状态，不是结成冰，也不是升腾为水蒸气。冰是睡着的水，它的心太冷了；水蒸气是沸腾的水，它的心太热了；人却要保持一种恒温的状态，不能太冰冷，也不能太沸腾。

人生中最艰难的时刻是观照自己的最佳时间，不能改变事情的进程，只能试着改变自己的心态，坚持到底便能获得成功。我以前在深圳上课，每天只能睡2个小时，到了后期站着都会睡着，可是我没有放弃，坚持到了最后，再回头看时，那些困难都不是什么大不了的问题。

碰到问题就叫苦连天是没有用的，没有人可以替代我们去承担，只有自己转变、不断调整自己的心态，寻找一种智慧的解决方法。

困难要自己解决，不能养成依赖他人的习惯，身边有贵人相助、有善缘是最好的，但是将自己完全托付给别人是不明智的行为。很多女孩子想嫁一个能给自己安全感的人，其实哪里有十足“安全”的人呢？世间一切都是无常的，我们所依赖的东西可能有一天都会消失，到时候还能依靠谁呢？所以，自立才最重要。

我的一个朋友喜欢喝咖啡，于是出资200万元开了一个自己想象中的咖啡馆。结果员工偷懒、客户投诉，每天应付各种事，忙得团团转，再喝咖啡的时候一点惬意的感觉都没有了。很多时候总是想象得很美好，但是真正经历时并非心目中的样子。就像世间的婚姻，结婚前觉得这个人很好，结婚了一定很幸福，可结婚后发现他判若两人，每天油盐酱醋、孩子哭闹、婆媳关系，种种矛盾让人焦头烂额，如此，这场婚姻便毫无幸福可言了。

佛法教我们破除事物的表相去参透本质，在任何时候都要修为自己，安住自己的心，不被外物所扰，如此才不会产生轻率的判断和行为。

第五章

坚实的自我

教义并非死板的教条，而是一种精神、一种理念。

第五章　坚实的自我

佛学是出世间的学问，但是这并不代表学佛之人就要躲在深山老林之中苦修。学佛之人首先要打开自己的心量，让自己的心保持虚空，这样才有兼容并包的可能性。而身处现代社会的学佛之人更应该拓宽思维、提高眼界并放空内心，用适用于现代人思维的方式去传播善念、弘扬佛法。

每个人都不能将自己与外界、与世间割裂开来，不能将自己的心封闭起来不与他人沟通交流。心封闭了，人便很难认清自己。

中国传统文化博大精深，极富包容性。无论是儒家的思想还是黄老之道，都追求人与人之间的和平共处，追求人与自然的和谐共生。包容是肚量、胸襟、理解、慈悲，一个人能包容才能成就。水低为海，无数涓流汇入海洋才成就了海的辽阔。不懂得包容就等于给自己设置了各种障碍，这些障碍包括人际关系、事业工作、人生观与价值观、信仰与宗教，等等，让人在前行的道路上充满羁绊、寸步难行。而学佛之人更应该去化解、突破这些障碍，面对自己、挑战自己，从心出发，不断进行自我超越和蜕变。

佛学流传了几千年，同样也是博大精深。出家人在修行的过程中要严格遵守佛学教义，但这些教义并非死板的教条，更多的是一种精神、一种理念。比如，出家人有一条戒律是不能杀生，如果严苛地按照这个标准来，那么每一个出家人都会寸步难行，一迈脚就可能剥夺无数微生物的生命，难道要因为这句话不再走路了吗？其实出家人不能杀生体现的是一种众生平等的善念，如果机械地理解这句话的意思便是在曲解佛法了。

佛陀要求我们明心见性、彻悟自性，就是要我们当下面对自己、改变自己的心，以心转境、心境合一，而不是陷入错误的知见中不可自拔。

除此之外，我们还要思考以下几个问题：

如何创新，使现实中的佛教既能继承传统又能走向未来

任何一个时代的进步和发展，都需要不断创新。盲目地跟风、抄袭，在他人身后亦步亦趋、人云亦云只会被社会无情淘汰。佛教为什么能流传千年不衰，就是因为佛教自传入中国后就一直在进行创新。

唐代佛教禅宗祖大寂禅修（马祖道一）在宗教历史上影响特别大，因为他开辟了禅学思想的新时代，提出“即

心是佛”“平常心是道”“道不用修”“任心为修”等思想，并通过接机的方式与佛门同道及弟子们展开思想交流，用隐语、动作、手势、符号、道具、拳脚等方式开悟接引学人，取代了以往看经、坐禅的传统，大机大用，大开大合，机锋峻烈，杀活自在。形成了一种自由活泼的禅风，留下许多脍炙人口、荡气回肠的公案。而他的弟子百丈怀海则制定了《百丈清规》，立下了一系列规矩，开创了佛教的丛林制度。从此佛教农禅并重，禅宗也因此得到了发展。百丈怀海的一些举措受到了当时传统出家人的质疑，但是它适应了时代的发展，所以一代代流传了下来。

释迦牟尼佛涅槃百年后佛教一直在进行改革和变化，无论传到哪里都与当地的文化、风俗相融合，甚至形成了新的宗别，这些都是创新。

在当今这样一个物质与文化都极大丰富的社会，我们的选择格外多，心中不免会有迷茫，不知何去何从。中国的传统文化要不要继承，西方现代文化要不要接纳？这两个问题其实并不矛盾，无论是中国的传统文化还是西方的文化思潮，当中都有自己精益的部分，也会有糟粕之处，我们需要的是吸纳二者的优点，在继承传统的同时也要学习西方先进的文化与科技。

许多企业经营者花费重金学习西方的管理经验和模式，却忽略中国传统文化中的管理学。就拿《资治通鉴》这本书来说，虽然它是一本史学书籍，但是里面渗透了许多管理学的思想，治国如治家，企业管理者也可以从历代君王治理国家的方式中汲取经验。就纯粹的商业而言，春秋战国时期的经济贸易已经相当繁荣，后来的晋商、徽商都影响甚巨，从陶朱公到胡雪岩，他们的经商智慧都值得当代人去思量、学习、借鉴、继承。

如今的中国正在经历腾飞的阶段，虽然遭受过西方文化的冲击，虽然有过迷茫、彷徨，但是浸润在中国人血脉中的文化有着长久的生命力。我们的国家慢慢变得强大，伴随实力的增强我们的心胸也要不断开阔，带着自信和包容的心态去接受西方文化、传播中国文化。

佛学弟子更应如此，对于佛法要继承和创新并举，承其内涵、新其外延。不变的是利益众生、究竟解脱的思想，变的是恒顺众生、随机应化的手段和方法。出家人是人天师表，是代圣人言的传道者，为此，我们更应该懂得继承与创新的力量，在保持内心清净光明本性的同时，用一种更容易被现代人接受的方式去传播佛法、利益众生。

若想创新，就需要有独立的思想，就要进入“三昧”境界，进入如来藏的世界，站在一个开阔的高度看待问题。如果一直在红尘中摸爬滚打，精神被金钱、权力、名望、情感所奴役，患得患失、顾此失彼，便无法获得内心的轻安和自在，自然也就不会有缜密的思考、新颖的创意。

创新需要一颗菩提心，当我们心中充满利他思想的时候，自然会想办法去做利益他人之事。就像我们人类社会在发展过程中，科技不断进步、工具不断演进，如今形成了一个精密、复杂的体系，这个过程中的所有创新都是为了人们更好地生存而产生的。人要吃饭，就有了饭店；人要住宿，就有了宾馆；人会生病，就有了医院；人要上学，就有了学校……如果没有人的需求，这一切便失去了原有的意义，成了一堆没有生气的建筑。

佛教亦是如此，僧人们辛苦奔波建造寺庙并不是为了香火钱，如果不能服务众生、利益众生，寺院也就失去了存在的意义。香海禅寺创办的禅修班是为了利益众生而存在，为了这个目的，我们不断地对自己的课程进行创新、改进，支撑我们的便是菩提心、菩萨道。

企业若想获得认同也需要创新，不断创造出新的优质产品，形成优质的服务，服务的人越多、服务的质量越高，企业的价值就越大，自然也会越兴盛。钱是在服务中获得的回报，是服务的副产品。明白了自己的定位，找到了自己的方向，确定了自己的目标，企业的发展就会随之蒸蒸日上，创新、发展都是水到渠成之事。

如何跟社会相适应，发挥佛教的正能量

佛教中有“上报四重恩”的说法，其中之一是国王恩，又叫国家恩。

国家是我们赖以生存的地方，国家强大我们就安乐、尊荣；国家衰弱我们就忧患、受欺凌，国家出了问题，则人人难逃厄运，正如一池水干涸了里面的鱼虾也会死掉。因此那些破坏国家、民族、社会稳定的人便成了大众的敌人。

佛法不能大于国法，佛教团体也不能与国家对抗，

佛学的教义是劝人向善，与国家抗争是一种极恶的表现。佛教能流传千年不灭亡，佛教弟子没有发展成不同的帮派，没有被灭掉，就是因为佛教的与世无争、与世无忤。

心中有众生就能和众生连为一体，众生乐是我乐，众生苦是我苦。站在众生的角度去看待问题、思考问题，心才能保持客观、公正、平和。我们要站在人类未来持续发展的立场上心怀世界、拥抱世界；我们心中不仅要有众生，还要有山河大地、一草一木，对世间所有事物怀有平等心、包容心，是一个佛教徒基本的情怀。佛法讲一即一切、一切即一，众生与我一而不二，花草树木、蚊虫蚂蚁都是众生，是众生我们就要去包容、维护。

作为道场的负责人，我深知建设道场和经营企业一样存在诸多艰难。弘扬佛法也是一种营销，如何让一般的民众变成信众是需要智慧的。香海禅寺曾经一穷二白，没有产品，只有理念、信仰、善念、服务，但这些年，也正是这些成就了我们，成就了如今的香海禅寺，成就了广大信众的善缘。

只有给众生带来切实的利益才会被众生接纳。广东有个南山寺，“打佛七”的时候，全国各地竞相而来的人最多时能达到九千，所有的大殿、厅堂都睡满了。寺院能够像磁石一样把人们吸引过去，香火旺盛应接不暇，凭借的便是佛法的义理与佛寺不断行善积累下的广阔福田。

香海禅寺属于禅宗，主打禅修，致力于提高、改变现代人的身心灵，这一内容正好契合当下。科技越来越发达，物质越来越丰富，生活越来越便捷，人们今天幻想的东西也许明天就能成为现实，但人们的内心越来越空虚，有的时候，在城市的霓虹中看着四周的钢铁与玻璃组成的建筑时，猛地抬头，我们是谁？我们在哪里？当内心积压的问题越来越多，无法得到释放时，香海禅寺让他们的心灵回归宁静，重新拾起人生信仰。

总之，利益众生之路有千万条，方法不同、路径不同，却都可以达到山顶。结合自己的兴趣与自身优势便能做好，这一点又与经商理念不谋而合。

如何挖掘佛教中适合当今时代的教义

我时常会考虑这个社会需要什么，然后从这些需求入手，去探寻解决的方案。有的人爱美，就劝他们练瑜伽；有的人内心浮躁，就教他们禅修的方法；有的人性格偏激，就让他们修净土法门；有的人贪得无厌，就教他们修“六波罗蜜”，学会布施与给予……

曾经有人送过我一本《保富法》，让我研读其中的智慧。那时候我们寺院正处于资金紧张时期，他却对我说，尽管如此，倘若现在别的地方也在盖庙，也要尽力想办法为他筹集资金。我当时并不认同这种思想，觉得简直是南辕北辙。但是历经种种之后我发现这人比我有智慧，比我还了解佛法。佛法中早就阐明了布施的概念与好处，只是我们不曾身体力行，如果早一点付诸行动，便会早一点了悟其中的道理。

有次我受邀去讲课，组织者送给我一万元钱，我转手交给另一个人让他拿去印书。现在我口袋里只要有钱就源源不断地布施出去，但是往往布施越多，收到的钱财就越多。

布施绝对不会让人贫穷，当然这种布施一定是"三轮体空"的布施，即无你、无我、无物。佛法最基本的思想是破除贪嗔痴，拿着东西死不放手就是贪婪、悭吝、愚痴，这些东西占据了心灵就蒙蔽了佛性，这在修行路上是一大障碍。

如何引导信众建立起他们的信仰和道德，为社会发挥正能量

儒家认为"人本善"，但是每个人"性相近，习相

远”，坏人是坏的榜样、好人是好的榜样。一个社会坏的榜样多了，大家就会对“坏”习以为常，慢慢也会认同这种行为。邪风盛行、正气不立，此时就会礼崩乐坏，再想从头改造已经非常不容易。

因此树立榜样十分重要，宗教界有几位高僧大德就可以给很多信众以信心。禅宗传到现在兴盛不绝与虚云和尚有莫大关系，他所建立的众多宝刹挽救了无数人心，那些在半路迷茫徘徊的人突然看到了一个真正的修行人，便犹如暗夜望见明亮的星星，有了方向和动力。一个真正的修行人就是榜样，这个榜样有着净化人心、净化整个社会的力量。

海宁有个海港超市，董事长叫朱正耀，前两年成立了“海宁义工组织”，后来又用四千亩地建立起一座孔子学院。最让我感动的是海宁义工的工作人员，他们每个周末都会自发到街上捡垃圾、帮助老人，做一些公益活动，这一行为在当地反响十分热烈。我曾送给这位董事长一本书，上面写着：厚德、正念、利他。而他的确能够担当得起这六个字。

无论在家还是出家都需要榜样，并且人人都可以做这样的榜样。一言兴邦、一言丧邦，正念的力量本来就强大，心怀正念的人多了，积蓄的力量就会如同风暴般热烈。

每个教职人员如何提升自己的学识与素养

若想要提升自身的学识和素养，最重要的方法当然是学习。学习没有壁垒、没有止境，只要是有益的东西都可以拿来为我吸收。在这个知识爆炸的年代，如果不努力扩充自己、引爆自己，势必会因孤陋寡闻而遭到淘汰，与众生失去对接。

香海禅寺的人员餐前有固定的十分钟时间用来念诵锦文：《道德经》《菜根谭》《幽梦影》《小窗幽记》，等等，三五个月就能耳熟能详。我们平时没有时间学习，于是便努力从生活中拦截一段时间让大家去学习，这样的学习方式看似有点强迫的意味，但是相当有效。每天花费一个小时学习一门知识，经过长期积累便能够成为这个领域的专家。

我一直比较忙，为了挤出时间学习便在口袋里装了一本《道德经》，走到哪里带到哪里，抽空就拿出来阅读，如今虽然不能说精通，但是《道德经》的思想我已经掌握了一个大概了。我建议读者们也给自己订一个读书计划：一年要读多少本书、每个月读几本、每天读多少内容。这样条理清晰的规划方便执行，日积月累，自己的知识储备也会得到惊人的提升。

不要小看每天读几页书的习惯，它能够帮助我们改变自己的思维、观念、谈吐甚至气质。出家人不仅是念佛、坐禅，多学习才能更好地利益众生。如果我这几年没有坚持学习便不会像现在这样充实、丰盈，也肯定没有现在的坚强、豁达。

常学才能常新，一本《心经》每次阅读都会有更深刻的理解、收获新的感悟，如果囫囵吞枣地读，如何会有真正的收获呢?

这个时代的出家人有着特殊的意义和使命，我们是人天师表，便要尽到人天师表的本分。自正才能正人、自达才能达人，自己信仰都不坚固，如何引导度化别人?自己都有一颗贪心，见了财色名利垂涎三尺，跟世俗中人有什么区别?自尊者才能受到别人的尊重，而自贱者则人人得以贱之。

提升自己就要不断学习，把眼界放宽、把心胸打开。真正的佛弟子要姿态洒脱地面对人生，不为名利所累、不为权贵折腰，举世誉之不加劝，举世毁之不加沮，宠辱不惊、自明心性。

第六章

平　衡

众生业力不同，眼中的世界自然也不同。

《金刚经》是佛学典籍中的经典，但是佛学基础薄弱的人往往很难读懂，我在这里为读者们推荐几本解读《金刚经》的书籍。印顺法师的《般若经讲记》、南怀瑾老师的《金刚经说什么》、圣严法师的《金刚经讲记》，这几本著作对学习《金刚经》乃至佛学本身都大有裨益。理解大意后想进一步研读般若系列的《大般若经》《维摩诘经》《六祖坛经》，这些都是大乘佛教的经典。《中观论》《中观四百论》等中观系列的典籍也应该了解一些，中观义理是大乘佛教的纲领，学佛要以中观正见作为指导。

佛教经典本没有高下之分，古代佛教之所以分成八大宗派是因为祖师们对佛经的解读有异，他们奉不同的经典为最究竟的佛理，并以此为基础创建了不同的宗派。其实无论看哪些佛学典籍、学习哪一支佛教宗派，最为重要的一点都是修为自己，改变自己的观念、心性，一心向善、远离诸恶。我们的思想、念头对于我们的言行举止有着很大的影响，如果一点点积累下来，甚至会逐渐改变自己的人生轨迹。念佛、禅修都要求我们向着念念清净靠拢，能够做到念念清净便从源头上断除了恶的种子。

一个人发愿后若能锲而不舍地坚持下去，自然会达到念念清净的状态。佛国净土的形成也是如此，若希望自己成佛以后拥有一片清静的国土就要发这样的愿，并付诸行动、坚持追求，做到除了这个念头外再无杂念生起当时，世界就清净了。心净即国土净，愿力是不可估量的，一个人若能每天发愿并如实去履行，一定会有大成就。

为什么陌生人之间有时候会有相见恨晚之感，有时候会因为一件小事而大打出手？因缘是无量劫以前就种下的，见到第一面就反感的人很可能是因为两人在冥冥之中结下了恶缘；见面就生好感的人则是因为结下过善缘。

遇到什么样的人、成就什么样的事业都与自己的因缘相关，而因缘又是我们自身的习气和业力造就的。每个人的业力和习气都不同，为此，我们每个人眼中看到的世界也不尽相同：同样的环境有的人觉得好，有的人觉得不好，这便是业力不同；我们每个人处理问题的方式则与习气有关，如有的人一遇到问题就想逃避，有的人则不管怎样都会努力去担当。有的人身上有许多恶习，不管别人怎么说他都戒不掉，有的人却能够做到处处检点，事事给人做出表率，这便是因为习气不同。

业力如何消除？很简单。就像一杯水如果往水里加盐水便会变咸，但是继续添加清水，盐分就会被稀释，咸味也慢慢变淡了。加水的过程就是消业的过程，通过我们的修行去稀释无始以来积累的罪业，直到罪业消除，心变得清净无染。

消业与消除仇恨的道理相同。如果有人曾经得罪过你，你自然会对他愤恨交加，但是当你得知这个人一直在默默地为你付出，在背后帮助你和你的家人，你还能找到恨他的理由吗？不仅不会，你的内心反而会对他充满感激与歉意。若想化敌为友，必须有一方先付出，而另一方也一定要理解，如此，两个人才能够冰释前嫌。

消除业障的途径是布施和行善。一个有爱心的人能够处处与人为善，广结善缘，人生道路也会因此畅通无阻，做什么事都会得到人们的支持。广结善缘并不是一定要做出什么惊天动地的大事来，生活中时时处处做善事便是在结善缘。有好的东西与他人分享，别人有了困难前去帮助，这样的善念会使人在无形当中培植福报、消除业障。

平时我们要多向人微笑、主动跟人打招呼，用我们的热情去温暖别人的心。我有两个朋友彼此是死对头，每次聚在一起就大眼瞪小眼闹得不可开交，后来学了佛，两人便都看开了，学会了包容，变成了好朋友。

人若想保持身体健康就要学会控制情绪，不能让情绪干扰生活。佛教有一种修行法门叫作内观，就是觉知自己的情绪，无论什么情绪生起时都立刻觉察到并将其化解。人修行到一定程度，觉察力会变得非常敏锐，能见常人不可见、识常人不可识，对自己的觉察与认知也会非常清晰。

读经的目的是改变自己，净化自己的身心，让生命得到升华。世上的事本无大小，心小了事情就大了，心大了，所有的事都只不过是小菜一碟。

在佛教中，修行的最终目标是涅槃，涅槃分有余和无余两种。有余涅槃是指活着的时候就证到涅槃的境界，虽达到涅槃但肉身还在；无余涅槃则是在圆寂时证到了涅槃境界，达到涅槃的同时肉身也没有了。

般若是一种不二法门，人都会有分别心，不二就是要消除因为人的分别心而产生的事物之间的对立，从而没有是非、黑白、美丑、好坏，事物与我的对立。无我、无人、无众生、无寿者，超越一切对立达到究竟涅槃的如如境界。

世界上没有绝对完美的东西，事物较为完美的状态就是平衡。身体的健康是一种平衡状态，企业的兴盛是一种平衡状态，家庭的幸福也是一种平衡状态。把握好平衡，做什么事情都会顺遂如意，反之则会举步维艰。

学佛之人要正确认识佛教，学佛不仅是打坐、念经，更要深入理解佛学的教义与理念。

佛教并非一神教，没有一个至高无上的神，也没有一个至高无上的教主。佛陀并没有说他讲的东西一定是世间至理，也不希望别人尊他为主。如果有人把佛陀想象成一个高高在上的教主，住着金殿玉宇，高不可攀，那么他一定不了解佛教、不了解佛陀。佛教大部分经文的开头都会描写佛陀讲经说法的现场，里面什么时候提及金殿玉宇了呢？不过都是一些竹林茅舍，非常俭朴。有些经文中确实描写过金殿玉宇的宏伟场景，但那是佛陀善巧方便示现出来的，并非真实如此。况且在佛门看来，金殿玉宇和竹林茅舍并没有区别，都是现象世界的假象。境由心生，心中有庄严看到的就是庄严，心中有素朴看到的就是素朴，并没有一件真实的庄严或者素朴的东西存在于这个世间。正如蚂蚁的巢穴里堆积着重重叠叠的白卵，在蚂蚁看来它们的泥穴便是金碧辉煌的宫殿，但是在人看来就很难有审美的欣赏了。

秋天来临，有的人觉得很美，漫山红遍、层林尽染，穷尽文思写诗来赞美它；有的人却觉得秋风扫落叶很凄凉，不禁触景情伤。一碗粗茶淡饭，一般人可能难以下咽，可是安贫乐道的修行之人却会吃得很开心。我们看到的世界与自己的心境有关，也与业力有关。众生业力不同，眼中的世界自然也不同，一碗水摆在人面前是水，摆在恶鬼面前就是一碗脓血；世界在我们眼中是五颜六色的，在一些动物眼中却是黑白的。所以不是一个量级便没法比较，如果心是充实的，住在竹林茅舍里也会很开怀；如果心是鄙陋的，住在皇宫豪宅也会很寂寞。

同样一本经书放在众生的手中，有的人仅仅把它当小说来读，只读到文字表面，深一点的意思就体会不出来了；有的人则会用心去体会每一句话的义理，去感受文字背后所蕴含的力量。禅宗讲“教外别传，不立文字，直指人心，见性成佛”，就是说佛教最重要的东西并不是文字而是义理，理解了义理才算得上真正懂得了佛法的精神。其实，不单是佛学，世间的任何学问也都是如此。

《金刚经》的教义目的是引领我们从生死的此岸到达涅槃的彼岸。

涅槃不是死也不是寂灭，而是摆脱了生死轮回的一种无上超脱的境界。若想达到这种境界就要修自己的心，修一颗清净圆满之心。“修”并不是要刻意去做什么，刻意便是着相，我们的心本来是清净无染的，刻意去做反而是妄想执着。

慧能大师说“本来无一物，何处惹尘埃”，生活本来简简单单，为什么还要生出那么多的事端？人生本来是轻安喜乐的，为什么要自寻烦恼？心本来是清净无染的，为什么要妄想纷飞？

慧能大师在圆寂时对他的弟子说：“兀兀不修善，

腾腾不造恶，寂寂断见闻，荡荡心无著。”“兀兀不修善”指心不动，没有善的念头也没有恶的念头。这样一来还要不要修善呢？要修。“诸恶莫作，众善奉行”，在修一切善时，心中不执着，不要想着自己是在修善。“腾腾不造恶”指自在坦然，不造恶。最后两句是说要断除六根对外境的攀缘，六根寂静无染才能够做到心中坦荡，才能用平等、清净和慈悲之心面对一切。

心清净才能把一切事情看得清清楚楚，并且在一切见闻中不生分别和执着。这种境界就像清辉下的一江春水，清澈见底，清凉、寂静，令人心驰神往。

心清净了，才能让自己的眼界更加开阔。年轻人刚开始工作或者创业的时候收入有高有低，有的一个月收入三千元，有的是五万元，但此时收入的高低并不能衡量一个人的未来。拿五万元月薪的说不定他一辈子就只能拿这么多，拿三千元月薪的说不定他以后能拿十万元。人的潜力是无限的，未来一切都是未知的，眼光要放长远，不要只看眼前的小利。

每一个出家人在出家的时候都要发四个大愿：众生无边誓愿度，烦恼无尽誓愿断，法门无量誓愿学，佛道无上誓愿成。这是一个佛弟子为一生的修行定下的目标，自利利他、弘法利生。为了实现这个目标我们甘愿牺牲世俗的生活，一个人过清苦的日子。

种瓜得瓜、种豆得豆，世间万事都有因果。为善者将得到善报，为恶者将遭到恶报，谁也躲不过。很多人不相信因果报应，做什么事都肆无忌惮，恶报来了才追悔莫及。众生畏果、菩萨畏因，众生都是在遭到恶报时才悔不当初，菩萨则是事先就考虑清楚可能导致的后果，所以会种下恶因的事情绝对不会去做。

活着便要经历一个个过程，从生到死是过程，从贫到富也是过程，用什么样的心来面对每一个过程决定着一个人有怎样的人生。如果对每一件事情都纠结抱怨，一生也将活在纠结抱怨之中；如果每一个过程都用心去走好，人生也将是充实的、完满的。

修行不能让人一下子就成佛，佛陀也是历经了三大阿僧祇劫的修行之后才成佛的，作为上等根器的佛陀尚且如此，众生就更不用说了。《中观宝灯论》中说，“利根者经三大劫现前佛果，中根者经七大劫，钝根者经三十三大劫”，我们大部分人都是钝根者。是否钝根其实并不重要，重要的是不断砥砺自己、坚持修行，境界到了自然能够成佛。

第七章

心之欢喜

打坐并不能立竿见影，需要长期坚持才能获得货真价实的效果。

第七章　心之欢喜

佛学有时被当作一种唯心的哲学来看待，被认为是一种“唯心”的哲学。这种说法从某种程度上来讲其实并没有错。心对于每个人来说都是十分重要的，心灵能够反映世界，心是什么样的，眼中的世界就会被主观选择呈现为什么样的，这就是佛教中一贯说的“境随心转”，它还有个更专业的术语是：依报随着正报转。

目异则色异，其实现实世界只是人眼中的世界，正如一千个读者眼中有一千个哈姆雷特，我们每个人对世界的感受和看法不同，世界在我们心里呈现出的状态、样子就不同。比如有人会称赞某个旅游景点的景色非常美，有人却认为俗不可耐，“甲之蜜糖，乙之砒霜”也是这个道理。由此可见，我们若想改变对世界的看法，必须先改变自己的心。

我们对外部世界的感知来源于眼、耳、鼻、舌、身、意六根的感受，而我们的心根据六根的感受做出判断与选择。心为“君主之官，神明出焉”，能够纵览一切，心改变了，我们的思维就变了，解读事物的观念以及对世界的认识也就会随之改变。

有人认为这是自欺欺人，因为客观世界并没有发生任何变化，只是自己的心情不同了而已，对于世界没有丝毫影响。事实上这并不是自欺欺人，心做出改变，看待事物的角度和看法也就与以前不同，我们的行为也会随之变化，实际行动会影响客观世界，自然会带来变化。心变善良了，我们的行为也会有更多的善举，周围聚集的自然会是善良之人，世界也因之而变得充满善意；心变邪恶了，就会做出许多错事、坏事，身边吸引到的人和事物也会是邪恶不堪的，世界便因此而充满惊险和恶意。

第七章　心之欢喜

人心是内宇宙、小宇宙，世界是外宇宙、大宇宙。我国古人早就总结出“天人合一、人天感应”的道理，我们的内宇宙可以影响、改变外面的宇宙，可以与之发生共振。我们和山川树木、鸟兽鱼虫一样是自然的一部分，所以人体也是宇宙的一部分，和广大无边的时空牵连着。我国古人用较为通俗的说法对人与宇宙之间的联系进行了解读，而德国物理学家普朗克的量子力学也已经帮我们证明了这一点，哪怕是人最微细的念头都能与整个物质世界有千丝万缕的联系。

我们的心如此重要，但是又捉摸不定、不可把控，所以修行最重要的是要修自己的心，具体来说包括以下两个方面。

光明心

“浩浩光明心，朗朗照乾坤，一旦遭邪魔，变成照妖镜。”

光明在佛教中代表智慧。在发明钻木取火之前，人类一直对火有着极高的恐惧和崇拜，远古人类在蒙昧的黑暗时代摸索了很久才学会了运用火、控制火，照烛黑夜、获得光明。现代社会的人已经习惯了电器与灯光，如果突然停电陷入一片漆黑，内心便会产生恐惧不安。

其实无论古今，人类对光明的需要、向往、追求都是一样的，这一追求不仅仅停留在物质上，还包括我们对内心光明的渴望。光明之心会驱散生活中的压抑、愁苦、阴霾，心中没有光明、没有一盏灯，我们就会恐惧、担忧、抑郁，失去喜乐和希望。

光明心就是有智慧，而有智慧就是知道自己在做什么，并且知道如何去做。有光明之心的人能够了解环境、了解自己，当我们对一切都能够清楚地掌握、认识的时候，便能够安下心，保持一种从容自在的状态。

想要达到这样一种状态，就必须经常反问自己：我的生命存在的意义体现在哪里？很多人认为找一份好工作、赚很多钱、买大房子、买名车、成为一个行业翘楚等，就能够实现人生的意义与价值。其实仔细想一想，这些身外之物也许并没有自己期待中的那样好。

比如一位居士，他在郊区买了一栋很大的别墅，可是平日里为了工作起早贪黑，长住郊区多有不便，只好继续住在市区的小房子里，只有周六周日才去住别墅。时间长了他怕再好的房子也会荒废，于是又不得不花钱请来保姆看管、打扫。有一天，他拖着疲惫的身子回到别墅却发现保姆在院子里喝茶，晒太阳，修剪花草。忽然他开始醒悟，大别墅带给他的不是期待的幸福感，而是沉重的压力。很多人一有点钱就想着要买一辆高档的车，殊不知好车维护保养费都特别高，而且无论停到哪里都要担心受损、被偷。但如果骑的只是一辆破旧的自行车，就不会有这样的顾虑了；还有的人总是想着出名，可是普通人每天都可以穿件衬衫短裤自在地走在马路上，但是明星却要戴着墨镜、口罩和帽子，出门担心别人认出自己，走到哪儿都要请人护行，与友人聊聊天、吃饭都要提防被恶意曝光。试想，这样的生活真的舒服吗？

人往往认为得不到的才是最好的，很多东西正是因为我们没有得到，才会羡慕不已，但当我们真正得到后可能很快便会觉得不过如此，甚至过不了多久就又产生了新的烦恼。

人活得不明白就会迷失自我，而光明心就是要让人活得明白，清楚自己所处的状态，懂得自己存在的意义。做自己能做的事、值得自己做的事，你会发现精力原来可以如此集中，那些无谓的事情再也不必消耗任何精力。

没有一颗光明心便无法透彻地认识外界的事物，不知道自己真正需要的是什么，缺乏智慧和理智，长期处于游离、彷徨、担心和焦虑的状态。长此以往只会让自己身心俱疲，病痛也会随之侵袭脆弱的身体。

每个人都应该时刻保持清醒，明白自己想要的是什么，找到自身存在的价值，把自己的角色切换到眼前和当下。比如开家长会的时候你就只是家长，对自己的介绍就应该是某某同学的父亲或母亲，而不是其他一些花哨的、与家长这一身份毫无关系的头衔。我们都有着多重身份，在不同的场合就要切换到与之相适应的身份，不能走到哪儿都端着架子。光明心能够帮助我们了解自身的不足，保持低调与谦和，不被过去的成就和自己的职位、地位冲昏头脑。

西方的哲学之父苏格拉底会给自己设置各种各样的角色，通过不断自我反问来探寻真理。人生可以有很多假设，想象、探讨、实行这些假设，会成就人生的种种可能性，所谓的创新、自我超越，大多是在这些假设的基础上获得的。

想要保持清醒的自我认知，就要时常反思自己生存的目的、意义与状态，发挥出自己的价值。企业家的存在意义是满足客户、员工的需要，为社会创造商业价值；官员的存在意义是给百姓解决问题；老师存在的意义是教育、培养学生……

事实上人与人的智力都差不多，特别聪明和特别愚笨的人处于两个极端，数目并不多。大家的起点虽然相近，但因为个人思维方式的差异，即使做相同的事情也会得到天差地别的结果，有人越做越好，有人越做越差。我的一个朋友开了两家店，如今到了发不出工资、濒临倒闭的地步。出现这样的问题是有原因的，他将两个店完全托付给了店长，自己不再投入精力，所以也就不能及时发现店内存在的问题。其实发现了问题才能找到答案，才能从困厄中解脱出来，能否独具慧眼发现问题不在于智商的高低，而在于经验的多少、思维方式的先进或落后。如果这个朋友能够保持头脑清醒，定期视察店内情况，自然就不会发生这样的问题了。

20 世纪 70 年代，美国麦当劳门店的销售额整体大幅下滑，公司员工都很紧张，一时人心惶惶。为此总裁雷·克洛克想了很多办法，但都收效甚微。后来他带着助手亲自到各店去“微服私访”，一个月后终于找到了原因。他立即采取措施，要求所有亏损店面的管理者将办公室座椅的靠背砍掉，并把热水壶拿到餐厅去。这个简单的措施实施后，亏损店面的销售情况竟开始好转，半年后又继续赢利了。

很多人对此大惑不解，原来克洛克发现那些业绩不好的店有一个共同现象，就是经理或部门主管每天坐在舒服的椅子上，渴了可以随手倒水喝，不愿到餐厅多走动。现在没了椅背，拿走了热水壶，他们坐久了就会觉得腰酸背疼，渴了也必须起身去餐厅倒水，如此一来自然会多去餐厅，也就容易发现并及时解决经营中存在的问题了。

我们遇到的所有问题其实都是自己思维的局限造成的，这种思维把我们自己捆绑到某个角落走不出来，从而失去了更广阔的视野。因此想要真正改变自己的生命，首先就要从自己的思维方式、思维模式上去改变、去超越。

大多数人在遇到事情时第一反应是撇清责任、指责别人，或者将其归结为社会不公，很少反省自己。一个懂得自省的人不会因为外在的事情而纠结，不懂得反思自我的人往往会碰到多重的困难与阻碍，大问题套着小问题，小问题又衍生新的问题，六根不清、烦恼不断。直面自己、调整观念与思维，慢慢问题便会得以解决，不会再次成为前行路上的绊脚石和拦路虎。

光明心的重要性正如电灯之于人类，内心有光明，整个人就能心安；家庭有光明，就充满幸福和欢笑。光明同黑暗是相对的，但二者又可以互相转化，我们看待一个事物时如果看到的是它的阴暗面，那光明就在眼前消失了；如果看到的是积极、美好的一面，那黑暗也会遁逃无形。

光明心会让我们整个人处在轻安、自在、愉悦的状态里，我们面对人生的态度会更积极，分析问题的角度会更客观，对身边的每一个人也会更乐于接纳。

世界上没有能力最强的人，也没有能力最差的人，只有可用与不可用之人，正如在一个出色的木匠眼里，天下没有废弃的木料。如果一个管理者能让每一个员工都扬长避短，发挥自身最大的能量，那他一定是一个优秀的管理者。想要成为优秀的管理者就要内心充满光明，像伯乐一样带着一双善于发现的眼睛，多看他人身上的优点，这样才能发现人才，继而将人才为自己所用。

达到内心光明的境界有个至关重要的前提，那就是看透生死。只有看透生死才能真正放下，放下了内心才会坦然，没有恐惧与挂碍，这时候才能真正生起智慧、生起光明。

想要看透生死就要站在出世间的高度去看待事物，不要局限于这一生一世的得失，而是站在宇宙的成住坏空看待生命的潮起潮落、花开花谢。我们应该知道，无常是永恒的，变化是世间唯一不变的事物，所有抓在手里的东西最终都将随风而逝。

明白了这些道理就应该去洒脱地面对一切，做个内心光明、不为外物羁绊、心灵自由的人。

清凉心

“悠悠清凉心，南山如画屏，坐观青天月，本性自清静。”

清凉心就是清净心，“心静自然凉”，只有内心静了，人才会清凉自在。

“清净”二字虽然看起来简单，可是真想要达到内心清净的状态是非常不容易的。

寺庙里的佛像前要供奉三杯清水，清水代表纯净无染，众生看到它内心就会被净化。我们的心里也有一杯水，这杯水原本应该清澈通透，但是被内心的欲念、情绪浸染之后就会变得浑浊。因此我们应该学会让自己的内心沉淀下来，不要有太多分别、太多执着、太多妄想、太多世故、太多是非烦恼，远离了这些污染，心便会慢慢变得沉静，恢复空明澄澈的状态。

这种净化心灵的过程便是禅修，简单地表述就是“独一静处，专精思维”。一个人静处，然后把散乱的心收回来，聚于一点、反观自照。

禅修可以成为我们的一面镜子，任何情景都能栩栩如生映在这面镜子里，形成“观照”。眼睛看的色尘、鼻子闻的香尘、舌头尝的味尘、耳朵听的声尘、身体感受的触尘、意识所缘的法尘，色、声、香、味、触、法这六尘组成了人的六根。我们通常所说的“六根不净”指的就是眼、耳、鼻、舌、身、意一直向外攀缘，活在自己的感官世界中，被自己累世固有的习气所左右、牵引，一刻也不能平静。

修行就是要抛弃感官、关闭六根，用庄子的话说叫作“心斋坐忘”。在修行过程中清净心便会慢慢生起，功夫越深清净程度也就越高，最终达到“虚静空明、与道合一”的境界，这一境界是修行最终极的目的。

一个人心念正了，心中就清净了，看经书也比较容易明白。有人会有这种感觉，经念久了似乎身边便有了佛菩萨的加持，做什么事情都会非常顺遂如意，其实并非是佛菩萨的加持，而是内心与佛法相应，自己便是佛菩萨了。如果我们的心是佛心，佛说的话自然就懂，我们的心是菩萨心，菩萨说的话当然就明白。佛弟子皈依的时候，说皈依佛、皈依法、皈依僧，其实是皈依觉、皈依正、皈依净。皈依佛，觉而不迷；皈依法，正而不邪；皈依僧，净而不染。

当我们自己的心是“觉、正、净”的时候，就会明白佛的心也是“觉、正、净”，佛所体悟的道理、传播的智慧、讲述的观念全是从“觉、正、净”里流出来的。心灵能够与佛相应，此时佛的智慧便是自己的智慧，佛所讲的法就是自己讲的法，佛所做的事就是自己做的事。如果我们的心还处在“迷、邪、染”，即使佛亲自来教，也转化不了我们的习气。

“何期自性，本自清净”，若想使心达到清净无染的境界，除了在日常生活中注意修行外，还有个方法就是坚持打坐。

打坐能让我们的心回归原点。但是现代人打坐很难，一个人独处的时候，不是玩电脑就是玩手机，打打游戏、上上网、听听音乐、聊聊天，心思散乱，沉静不下来，不能忍受孤独，连十分钟都坐不住。这正是内心不清净的表现，内心不够丰足、不够圆满才没有办法独处，才会极力借助外在的东西来填满自己，才会时时刻刻与外界保持密切的关联。

一个能独处的人内心一定是丰富的，内心丰富了，对外在物质的需求自然就会减弱。物欲淡了后，人格魅力、精神境界、自立意志等都会不断加强、提升，最后会达到一个令人敬仰的高度，这样的人才可以成大事。

现实生活中，思想丰富的人往往生活简单。只有思想贫乏的人才需要外在的包裹和伪装，把生活搞得复杂而花哨，其实这种人内心是非常脆弱的，一旦生活发生变故、失去屏障就会不知所措、焦急万分，严重了则会丧失斗志，甚至失去生活的勇气。内心足够清凉、足够丰富、足够强大，无论处在什么样的环境中都不会丧失热忱。

光明心和清凉心是互相联系的，不能决然分开。心一旦充满光明，自然就会变得清凉，同样，心一旦清凉，自然也会升起光明。

若想修炼这两种心，就要付出实际行动。前面提到过打坐是训练此二心的重要方法，打坐并不能立竿见影，需要长期坚持才能获得货真价实的效果。当我们达到一定程度之后，打坐就不再是个苦差事，而是心甘情愿乐于去做的一件事，因为我们已经尝到了“禅悦”。

需要说明的是，打坐只是能使我们专注训练光明心和清凉心的一个方法，这个方法本属于僧人。除了打坐之外，我们日常生活中时时处处都可以修炼光明心和清凉心。佛曰：“一切声色尽是佛事。”在生活中，在红尘万丈中，更是修炼心性的最佳去处、最佳道场。

第八章

一生的功课

吃素是一件很简单的事情，人的身体对食物有着不同的需求，自然而然地对食物的种类进行分化，就像习惯了清静就忍受不了吵闹的环境。

第八章　一生的功课

学习禅宗就要进行禅修，这种规律性、系统性的训练能够帮助人们回归到自己最原始、最纯粹的内心，去了悟最精深、最深刻的智慧。

香海禅寺会定期举办禅修课程，一般为期七天。这样的课程对于从未接触过禅修的朋友而言是一种挑战，但同时也会带来一次飞跃性的成长。在禅修的过程中，如果我们真的能够把万缘放下，过滤自己、清净身心，就会收获全新的生命体验。假若内心仍有许多烦恼执着、挂碍纠结也是正常现象，只是这样一来成长的脚步便会慢一点。但是无论如何，禅修都能给我们种下菩提的灵性种子，凭借因缘际会得以发芽，最终结出丰硕的果实。

禅修并不仅仅指打坐，打坐只是一种常见的训练方法。禅修的本意为“心灵的培育”，就是把心灵中良好的状态培育出来，简单地说就是让我们的身与心和平相处，所以只要是能够修心之地，都可以进行禅修。

如果能把禅修融入生活中，让我们的心灵安住当下，心中充满宁静、喜乐、自在，便是达到了禅修的最佳状态。走路很坦然，吃饭很愉悦，睡觉很安详，工作没有压力，与人交往优雅从容，与家人在一起融洽而幸福，自己独处能心静而满足……这些都是生活中的禅修成果，这些成果让心灵不即不离、无着无住，就像老子所说的“复归于婴儿”，回到了自己最初的自然之态、本真之态、赤子之态。

生活无非是行住坐卧、吃喝拉撒，但这看似简单的过程其实并不简单，因为人会产生种种欲望，如此也就有了种种烦恼。世间其实并没有一处天然的修行场所可以让我们断绝外缘、清净无染、抱元守一，所以我们必须学会在红尘中修行。

如何在红尘中修行呢？在工作中，可以把职场当作道场，让工作成为一种修行；在家庭中，可以把营造家庭的幸福当作一种修行；在与朋友的相处过程中，可以将“友直”“友谅”“友多闻”的和谐统一当作一种修行；在面对痛苦时，可以把转化自己的情绪当作一种修行；在面对错误时，可以把改正自己的言行当作一种修行……

只要一直保持这种觉知，让心灵平静如水，如一面清晰的镜子，常行观照，自然不会犯大过失。相反，心如果失去了平静，这面镜子就蒙上了尘垢，失去了本来的烛照功能，我们犯错的概率也会随之增加。

想要更好地修行，还可以参照以下几点。

分辨因果

学佛，最基本的就是要学会分辨因果。

有人总是遇见不好的事，总是听到不好的消息，从佛学的角度讲，这些事情与信息出现并非无缘无故，而是因缘和合、果报现前；道家的《太上感应篇》告诉我们，人与诸事物的缘分都是感召而来的；儒家则讲“门内有小人，门外小人至；门内有君子，门外君子至”，聚散离合都遵循着吸引力法则，真正的原因还是出在自己身上。儒、释、道相通，对于这一点的解释也相同。

佛学中有“十善业”：不杀生、不偷盗、不邪淫、不恶口、不两舌、不妄语、不绮语、不贪、不嗔、不痴。这是人天之法。

“不杀生”排在第一位。佛学教义规劝人们不杀生，每一个生灵都有自己生存的权利，我们珍惜自己的生命，也应该懂得善待每一个生命。

邪淫是末法时代的重头戏，世界上很多罪恶就来自邪淫，家庭的分崩离析、社会的不和谐因素往往都是由人内心邪淫的欲望引发的。个人不和谐，才会引发家庭的不和谐，而家庭的不和谐又会成为社会不和谐因素的重要来源。所以，邪淫是生活在社会中的每个人都应该去努力规避的。

恶口，指用非常恶毒的语言去攻击别人。如今科学技术日新月异，人们的交流方式也丰富多样，恶口也随之进化，呈现出越来越严重、散漫的状态。有的人养成了十分无聊的习惯，在网上随意谩骂、攻击别人，粗鲁恶毒无所不用其极，却得到了旁观者的喝彩。其实以这种方式所造的口业并不比当面骂人轻，而周围进行喝彩的人“若自作、若教他作、见作随喜”，也是要承担相应因果的。

我曾在微信上看到过一句话：老婆的好坏是男人培养出来的。还有一句相似的话：优秀的男人是他背后的女人锻造出来的。这些说法其实是有道理的，妻子的心灵如同天使之心，自然能够用自己的善意感化、改变自己的丈夫，让心存暴戾的他渐渐变得单纯、宽厚、仁慈。其实在家庭中夫妻双方是互相影响的，只要一方好，就有转化另一个人的可能性，如果双方都不好，就只能是以邪对邪、以恶加恶，绝对不会有好的结果。

修行者的修为方式不仅仅是坚持打坐，只有把自己的家庭调和好、工作处理好、身心安顿好、朋友相处好，生活中的一切细节都能梳理好的时候，才能成为一个合格的修行者。但是有些人认为修行只需要修为自己的身心，不用考虑自身与外在的关系。这种将自己与外在世界一分为二的观点是错误的。人是自然之子，是世界的一部分，不可分割、不能剥离。如果我们错误地解读自己与外在世界的关系，人生就会陷入财色名利的困扰之中。如果我们只顾自己，心里没有他人，只知道一味地索取、占有，不懂得珍爱、感恩，就永远无法获得心灵的平静与幸福。

人有眼、耳、鼻、舌、身、意六根，六根触动而产生六尘，贪取六尘是我们生活中苦痛与困厄的来源。

生活在自己的感官世界中，就容易被累世的习气所左右，不得片刻宁静。执着于六根的感受体验、被六尘吸引迷惑就容易产生十恶，继而产生交互回还的恶因与恶果。修行就是要抛弃感官、关闭六根，心斋坐忘，以达到虚静空明、与道合一的境界。

自然地吃素

人要生存就要饮食，酸甜苦辣、清淡浓厚、素食荤腥，每一种口味都有人喜欢也有人厌恶。

其实饮食习惯与人的性格特点、人格品质有着莫大的关联，修为不同的人对食物的需求也不尽相同。一个经常在宁静的环境中修行的人会自然而然地渐渐远离口味重的东西，越来越喜欢清淡的、原汁原味的东西。我认识很多这样的人，把青菜放到开水里面烫一下，放一点点盐，吃起来也会感觉格外香甜。

我最怕去的地方就是大饭店，由于现在到饭店吃饭的顾客都要求“吃鲜”，饭店只好将各种动物养在饭店里现杀现做。因此，饭店里充斥着各种生灵死亡的气息，感觉饭店像一个屠宰场，那种血腥味让人难受至极。也许是因为我长期处在清净的环境里，所以觉得这种气味格外浓，常出入热闹场所之人可能就不会有这样的感觉，这就是“久居兰室不闻其香，久居鲍肆不闻其臭”的道理。可见环境对人的同化作用很大。一个人如果在寺庙里静心修行、生活半个月，再到饭店里可能就会打心眼儿里产生抵触情绪，长期在庙里吃素的人更是如此。

其实吃素是一件很简单的事情，人的身体对食物有着不同的需求，也可以自然而然地对食物的种类进行分化，就像习惯了清静就忍受不了吵闹的环境，吃习惯了清淡食物当然也会对味道浓重的食物避而远之。

有的人想走入佛门，也想吃素，但就是坚持不下来，因为长期吃素对他来说是件无法忍受的事。人对素食的偏爱并非天生，长期坚持便会形成食素习惯，最初可能是每个月初一、十五吃素，到后来是“十斋日”吃素，当吃素吃得喜悦了，自然会吃长素。吃素不能急于求成，需要有一个循序渐进的过程，慢慢调整自己的心，心得到清净，口味也会随之改变，时日长久便养成了习惯。

近几年我发现自己的贪心在慢慢减少，以前吃饭通常要吃一大碗，现在只吃半碗，吃到五、六分饱就可以了，而且吃饭速度也比以前慢了许多，没有迫不及待吞下去的欲望。虽然只吃到半饱，但奇怪的是身体并没有不舒服的感觉，反而觉得很舒服、很轻松、很自在。

自我控制能力的增强其实源于贪欲的减少，修行者能做到这一点是修行有进阶的体现。

戒贪嗔痴

佛教将“贪嗔痴”视为三毒，又称三垢、三火。

贪欲是人的第一大患，因此佛教把“贪”放在“贪嗔痴”三毒的首位。

“财色名食睡”是地狱五条根，可是人们往往握在手里不肯放松，每天都因色、名、利而身心备受煎熬，耗费掉大量的、宝贵的精力。尤其在当今这个时代，物质的丰富刺激了人们的物欲、贪婪，攀比之心如同夏季长江的水位，不断上涨。可怕的是当集体物欲不断上涨时却没有人对此感到罪恶，进而有所反思。有人坐拥几十套、几百套房产仍不满足，开着轿车又想着买跑车，孜孜不倦地追求着世间的荣华富贵。

“自以为拥有财富的人，其实是被财富所拥有”，那些不断敛财的人不知道自己其实早已成为了钱财的奴隶。金钱既非众善之门，也非万恶之源，只看我们如何对其加以利用。可是现实中尝到它甜头的人往往会迷失其中不可自拔，没有人为钱而生，但有太多人为钱而死。

追求幸福生活是人之常情，但幸福并不一定要建立在物质之上。《诗经》中有句话就说得特别好：“永言配命，自求多福。”意思是说常常思考自己的行为是否合乎天理，以求美好的幸福生活。幸福的生活是可以追求的，但不能违反自然和社会的客观规律，不择手段地攫取幸福便不再是追求，而是乞讨、掠夺。贫穷并不可怕，最可怕的是心灵的贫瘠。内心不够丰盈的人才是真正的“乞丐”，如果无法充实自己，便无法摆脱“乞讨”的命运。

把这些都看透之后生活便可以变得很简单，拥有了自己的价值体系，内心充盈丰足，不会被外物所左右。当内心足够丰足的时候，就不必穿另类的衣服来彰显自己有思想，不必戴名贵的手表来显示自己很富有，不会根据别人对自己的恭维或讥诮来定位自己的成功与失败，不会认为几万元钱一顿晚餐比几元钱一碗面有价值……

我在西安的时候有好几个人想请我讲课，但是由于没时间，就全部推掉了。这时候我就很庆幸自己不是名人，如果真的很有名就会非常痛苦，那这些事情就推也推不掉、逃也逃不开了。名人的时间安排都非常紧凑，都要按预定的程序走，不能偷懒、不能自由自在。有人会认为有名望，到哪儿都能被别人认出来是件很荣耀的事，但事实并非如此，名气过高往往是件苦差事。

“三毒”中第二个是嗔，嗔恨心生起会让我们的理智丧失。愤怒时内心的火熊熊燃烧，此时就是着“魔”的状态，魔鬼占据了我们的心，一不留神就会做出无法挽回的错事。

“一念嗔心起，火烧功德林”，对修行者来说，一旦心生嗔恨，多年的修行便会毁于一旦。故而一个修行者应该有一种觉察力，对自己身心所处的状态、情绪出现的问题等，都能进行反省和调节，如果出现失控的征兆，也能及时悬崖勒马。

正如六祖慧能在《六祖坛经》中所讲，“无嗔即是戒，清净即出家”，无嗔就是清净、平和的状态，无嗔之人对外界任何事物都会怀有一种悲悯和慈爱之心，不会去触犯它。

内心没有嗔恨的人，心灵就如同山涧的泉水、春天的鲜花、草原的牧马、水里的游鱼、空中的飞鸟，能够时刻保持内心舒畅、自由、祥和、喜悦、清净、慈悲。

遇到愤恨之事，要学大迦叶拈花一笑，怒火中烧之时手中拿枝花，好好观察它的形态，让自己的心也变成一朵鲜花，如此便能心花怒放。我们的心清净慈悲才能常乐我净，爱的力量不断增加，心胸的厚度、阔度才能拓展，心量打开、我执放下，这时候才能成就一个菩萨的身份。

进入一个没有嗔恨的频道，我们会发现生活中的很多问题都能迎刃而解，不会再过于纠结某一件事情，更不会撞了南墙仍不回头。飞机在起飞、降落以及转弯的时候耗油最大，动物在蜕皮的一刹那最孱弱，人也一样，在转换自己的过程中最为痛苦，不过这样的转换对于我们来说却极为重要。

修行的意义正在于此，倘若我们毫不费力就可以达到至高的境界就不需要修行了。修行就是寸积铢累、日积月累，是一日三省，是逆水行舟不进则退，所以想要修行就必须坚持。

事实上难以对治嗔恨心主要是因为我执、因为放不下。修行的最高境界是“无我”，当我们达到无我的境界时就不会有什么放不下了，连自己都没有了还怎么把执念与欲望抱在怀里呢？如此，嗔恨也就更加无从谈起了。所以从放下小我，到成就大我，再到实现无我，是修行必经的阶梯。一般而言从小我直接到无我很难，如果有人可以，那么他一定是成大器之人，有累劫的修行基础，在这一世适时获得了相应的成就。

最后一毒是痴。痴乃“愚痴”，就是一种愚昧、不开明、不明了、无明的状态，从佛法讲是因为智慧没开。

痴愚之人的心被污垢遮盖的时间太长了，只有注入智慧才会通体光明、受益无穷。

佛陀告诉我们一切都是无常的，无论是生命、爱情，还是财色、名利，甚至连山河大地、日月星辰等都是无常生灭、常流不驻的，都是毕竟空、无所有、不可得的。

人活不明白就会不断给自己造成巨大的痛苦，佛陀早就告诉我们：世界是苦的。不相信的人偏偏去苦海中遨游，苦心孤诣地追逐那一点转瞬即逝如浪花的快乐，结果仍是在苦海中沉浮、泅游。《佛说二十四章经》晓谕我们，财色于人，如刀刃有蜜，不足一餐之美，而我们都像小孩一样贪婪舐之，所以会有“割舌之患”；又说陷入爱欲、情执的人，犹如执炬逆风而行，“必有烧手之患”。

明白了世事无常便不会再心生痴愚，我们就没有什么需要执着的了。

悲智双运

我身边有个朋友，婚姻大事一直没能解决，但是他自己一直找不到原因，前来向我求助。我对他说他身上的魅力不足以吸引对方，就好比有人喜欢捉蝴蝶，拿着网、罐到处去抓，偶尔能抓到几只，可惜不是折了翅膀就是坏了脚腿，如果在家门口养一盆鲜花，花的芬芳香气自然会吸引许多蝴蝶。

婚姻建立在两个人相亲相爱、相互敬重的基础之上，一个人愿意与另一个人共度余生，自然是受到了他或她身上某种品质、特征的吸引，这种吸引力是维持爱情长久、婚姻美满的一剂良方。相互吸引就不会一直担心对方会有外遇，因为自己有足够的自信能够留住对方的心，那些风声鹤唳、把妻子或丈夫看得很紧的人就是不够自信，自身的魅力也不够充足。如果真正喜欢对方，就要学会大胆地放下那些无谓的担心，发展自己的人格、修养、爱好、魅力。放下不仅使对方获得了自由空间，也让自己得到了提升的机会。

俗话说“爱不是迷失”，因为爱而迷失了自己，是一件得不偿失的事。爱不仅需要情感的投入，更需要智慧的维持；爱不是迷失和愚痴，而是悲智双运。“鸡蛋从外打开是食物，从内打开是生命”，要学会放开自己的心，让爱成为生命的滋养，而非负担。

顺应天道，逆难而上

人如果能顺应天道，保持一份内在的宁静和安详，便容易获得幸福。世界是心灵的镜像，我们给世界什么，世界同样会回报给我们什么，我们给世界爱、微笑和感恩，世界就回报给我们幸福、快乐和温暖。

没有企图之心，看待问题才能更理性、更透明，更容易抓住事物的核心和本质，更轻松地应对，这时不贪钱钱也会来身边、不慕权权也会找上门来。

修行也是如此，只有学会“无”才能获得“有”。我们打坐的时候要无念、无住、无修、无证，要安于当下，时刻告诉自己要保持轻松、喜乐、自在。这样的自我暗示并非强迫，只要能静下心来，长此以往我们就能达到“此中有真意，欲辨已忘言”的妙境。

打坐，究其实质就是在训练我们的心灵，心静了，走路会觉得开心，与别人谈话会觉得愉悦，吃一餐简单的饭也能心满意足。庄子说“至人无梦”，一个人如果达到了某种高超的境界，那么他的心中便没有了烦恼，躺下之后很快就能睡着，入睡之后也很少做梦。

修行境界还表现在一切随遇而安，不追逐、不攀比。热衷于追逐与攀比便容易被外物控制，我们要有“转物而不被物转，转事而不被事转，转人而不为人转”的定力，要向心内求法而非向心外求法，去努力获得心灵的自由。

磨难也是一种修行，能够帮助我们对治自己的习气，回归内心的平静。修行并非逆来顺受地接受一切、忍耐一切，而是面对困境也不心烦意乱，轻松自如地解决问题。

《佛说二十四章经》里面讲人有二十难：贫穷布施难，豪贵学道难，弃命必死难，得睹佛经难，生值佛世难，忍色忍欲难，见好不求难，被辱不嗔难，有势不临难，触事无心难，广学博究难，除灭我慢难，不轻未学难，心行平等难，不说是非难，会善知识难，见性学道难，随化度人难，睹境不动难，善解方便难。将这“二十难”悉数攻下，全部克服，我们就都修成佛了。

与生活相结合

太虚大师有一首诗说：仰止唯佛陀，完成在人格，人成即佛成，是名真现实。修行要与日常生活相结合，想要成佛就得从自己的生活点滴开始修，人格的完成就是佛格的完成。“放下屠刀，立地成佛”“烦恼即菩提”都告诉我们当下就可以成佛，一念清净此刻就是佛，一念烦恼此刻就是凡夫，可见心力的作用有多大。六祖慧能初到南华寺时，里面的几千人每天早上起来都去种地、砍柴、犁田、锄草，有人忍不住抱怨，天南地北全国各地汇集来的人难道是来当农民的吗？慧能却说此农民非彼农民，只不过我们是在与当农民一起修行，在劳动中修行。

生活里处处都是修行。夫妻二人吵架是修行，同父母闹矛盾是修行，与领导起冲突也是修行；一个企业家就应该让自己的企业成为一个道场，员工也要把自己的工作当作修行；平常吃饭、睡觉、生病等都是修行。

道在哪里？庄子说道在粪便里。佛在哪里？我们说佛在滚滚红尘中。每个人都需要修行，修行是一生的功课，任何困难、挫折、苦厄都是心灵的净化剂，都是对我们圆满人格的历练和修为。

第九章

欣然接受每一个当下的自己

心无牵挂，才能获得无穷的智慧。

“师法自然”，如果我们以大自然为师，并加以效法的话，会发现大自然能够给予我们无穷的智慧与启迪，如果我们静下心来用心感受，每一件事物都能给予我们深刻的心灵启示。

生活中处处都有风景、处处都是美好。一年四季有着不同的状态：春天是温暖、夏天是炎热、秋天是凉爽、冬天是寂静。人生的每个阶段也有不同的状态：童年的幼稚、少年的叛逆、青春的迷茫、盛年的忙碌、暮年的哀伤。春种秋藏，这一年会获得丰收，从年轻到衰老也会不断增长阅历、增加经验。

初春新叶抽芽，新绿满眼；深秋落叶纷纷，虫洞斑驳。世间万物没有什么能够永恒，一切都瞬息万变，繁华热闹转眼便是沧海桑田。生命的每一个阶段都有其独特的体验，都会焕发出不同的风采，唯有活在当下，才能活出最好的自己。

时时刻刻接受当下的自己，我们才能全然接受生命中的好与坏、美与丑，才能不留遗憾。有时候并不是生活的压力多么沉重，而是我们自己内心根深蒂固的逆反心理，对所有的事情都心存挑剔、满口抱怨、不断推诿，这些其实都是对生命极不负责任的表现。很多时候逃避并不能够让生活和心情都变得美好，面对自己、面对困难和压力，解决掉问题带来的成就感才能给我们带来真实的快乐。

世界上没有两片完全相同的树叶，哪怕是同一片树叶，在不同的时期呈现出的形态和状态也会不尽相同。人时时刻刻都在发生着变化，把握好自己生命的律动，生命的每一个时段才会焕发出极致的光彩。三十岁的中年人和十五六岁的孩子锻炼身体时所使用的方法肯定不同，如果中年人刻意要像少年时代那样做剧烈的运动，只会过早地耗光身体的能量，身心俱疲，甚至会伤筋动骨，加速衰老。做任何事情都要符合自然规律，这是宇宙给我们的启发，如此再去看待生命所处的状态，才会对人生有更清晰的认识和理解。

佛法的智慧会帮助我们消除烦恼、化掉困苦、点亮人生、心向光明。我们有诸多的“放不下”所以就会有诸多的“得不到”，放不下的心一直纠结着我们，得不到的痛苦也会每天伴随着我们。所有成功的可能性都会被“想要得到”的执念所阻碍，致使我们一生忙忙碌碌又一事无成。如果我们把名利、金钱、权柄、感情等一切都放下了，内心因无欲无求而涌动起的强大力量就会推动我们获得成功。所谓不破不立，成功一定是在破旧立新的过程中实现的。

放下这些执念便是在清空自己的内心，佛教里面讲的“空”非常微妙，这里的“空”并不等于无，而是缘起性空，是事物的本质及存在规律。所以我们称之为真空妙有，即真正的空并不是一无所有，而是妙有。

万事万物永远在变化，而这种规律就是佛教里的“空”。那些客观存在于我们面前的具体事物是佛教里所讲的相，这些相的本质仍是空。我们总是容易被事物的相迷惑，每做一件事情都会有诸多的担心，这些担心会对我们形成制约，担心越多束缚也就越多，束缚多了，又怎么能把事情做好呢？每个人都有过成功和失败的经历，如果我们一一回想，会发现能够把一件事情做成功，那时的状态一定是心无挂碍的。心中只想着怎样把事情做得更好，不去想种种不可能，也就没有那么多的束缚，成功反而成了水到渠成的事情。

佛教里面的“空”是让我们真正认识事物的存在规律，了知世间万物的生存原理。明白这种规律后再去反思自己的存在，就会用完全不同的方式去理解自己所处的环境。万物本自具足，不生不灭、不增不减、不垢不净，而眼睛所看到的一切都是瞬息万变的假象，只有破除这些假象才能够真正认识到那个真空妙有的本质。

如果我们把所有的担心、害怕都抛开，将真心投入到自己所做的事情中去，那么在完成这件事情的过程中便不存在一丝一毫的障碍，我们也会毫无畏惧地勇往直前，最终不管是成功还是失败，都能快乐地面对、坦然地接纳。如果我们能够满心欢喜地做一件事，并且用心去感受这个过程，我们就能发现每一个环节、每一个步骤都非常得心应手，每一种状态、每一个阶段都与自己相当契合。

我们自身的正能量能够感染他人，能够转变他人对自己的看法，使一个原本不理解我们的人，由于我们的热情和喜乐而改变原来的负面想法和认识。我们所碰到的一切不善都会因为内心的正能量而全部转化为善，对自己如此，对他人亦如此。

对生活中细微琐碎之事的理解和认识也体现着我们对世界的看法，影响着我们自身的情绪和行为。如果用负面的眼光看待世界，原本正面的东西也会变成负面，反之亦然。

一件事情并没有绝对的对错，关键在于我们如何去看待。香海禅寺的山门殿前面原本有座废旧的房子，房子挡住了僧众的视线，我曾多次想把房子买下来拆掉，但同房东谈了几次都因要价过高而搁置，我也就没再管这件事。没想到两年后政府进行居民房改造时拆掉了那座房子，还修建了一片大水池并做好了绿化。经历了这件事情我发现，如果我们一直在纠结一件事，目光就会被它吸引，所有的精力也都会随之牵扯进去，就没有多余的时间去做其他事情了，这样反而会失去更多。但如果顺其自然不去纠结计较，就能合理分布时间，将该做的事情做好，也许还会无心插柳柳成荫。

自从我来到香海禅寺，就在不断地摸索、学习，包括寺院的建设、佛法的弘扬以及禅修班的开设，都努力在原有的状态里寻找最好、最有效、最实用的方法。

我有时不会把祖师的话当成必须遵守的准则，而是根据实际情况，因地制宜修建寺院，因材施教开设课程。我们的目的与行事的真正准则只有一个，就是弘扬佛法、利益众生。做任何事，即使有前人或他人的经验，也没有现成的模式可以套用，要自己不断去体验、摸索，走出属于自己的与众不同的道路，完成最初的宏愿。

第十章

从无常中醒来

心是怎样的，世界就是怎样的，心就像是照片的底板，如果心中是喜悦、丰富的，那么冲洗出来后便是斑斓缤纷的相片。

第十章　从无常中醒来

我们每个人都知道佛教，却未必都了解佛教。佛教的宗旨何在？佛教想传达给世人什么？就像我最喜欢的佛乐《醒来》这首歌里所唱到的诸多发人深省的问题：从迷到悟有多远，一念之间；从爱到恨有多远，无常之间；从古到今有多远，谈笑之间；从你到我有多远，善解之间；从心到心有多远，天地之间……

在佛教中，世间万物都是无常的、流动的、变化的，没有永恒，只有迷和悟。如果我们想过得幸福、自在，就要时时从无常中觉醒，时时用佛学中的智慧来观照自己。

中国古代士大夫一生中的思想要历经三次大的修整和改变：年轻时学儒，要成就功名、立功立德，要衣锦还乡、成就自己；中年时，当自己被现实生活与人际关系中弄得疲惫不堪、不能自已的时候便学道，学会知天达命、顺应自然，开始认同“致虚极，守静笃，万物并作，吾以观复”的思想；到老年转而学佛，学佛出世，成就自己的达观。

人之一生总要经历这样一个渐渐通透的过程。中国的儒释道“三维空间”有很好的互补作用，且是相互通融的。可惜的是，大多数人并未领受“三维空间”要旨，直到生命的尽头还十分糊涂，带着各种欲望和遗憾离开人世。

为什么我们会被各种外来的东西，如名望、地位、金钱、权力等名闻利养所迷惑，同时还被内在的恼怒、痛苦、恐惧、怨恨等七情所折磨？为什么我们无法放下贪嗔痴慢，纠缠一生也没有摆脱它们的奴役？

这些问题并非没有答案，每一个人都会遇到生命中的挫折与困难，趁着有生之年，我们应该好好思考、理顺自己的人生，解决那些看似无望的问题，使自己的生命能够顺承天地人生的大道，走向一个更广阔的际域。

唯有认真思考自己的人生才能活得明白，活得明白就不迷惑，不迷惑才能主宰自己，继而更好地规划生命、完善自己。

每个人都希望自己的一生长寿、幸福、自在，不希望自己的一生痛苦、压抑。向往幸福无可厚非，可是追求幸福需要注重方法，拼命追求、不择手段肯定是徒劳无功的，很多人苦求了一生也没能得到真正的幸福。其实并非幸福昂贵难得，而是大部分人的方向错了，南辕北辙。

要想长寿、幸福、自在，首先要有一颗长寿、幸福、自在的心，心是人的主导，心中没有存储幸福，一切物质追求皆是虚妄。

在此我与大家分享三个佛教中经典的事例，一起讲解心的妙用。

第一个是慧能大师的事例。他初到广州光孝寺的时候，寺里有个师父正在讲《涅槃经》，有一天中场休息时，两个僧人看到院外经幡被风吹得沙沙作响，于是其中一人说是幡动，另一人说是风动。两人争论不休相持不下，突然身边一个不起眼的同修对他们说："不是幡动，也不是风动，而是仁者心动。"在场的人都惊呆了，有如醍醐灌顶，顿时心开意解。这个不起眼的人，便是隐藏已久的慧能。

第二个故事讲的是两个僧人下山的际遇。时间在夏天，刚下过一场雨，山下河水漫涨，他们走到河边的时候看到一个漂亮姑娘也要过河，但她不愿意脱鞋子，央求两个师父把她背过去。师弟在旁边犹豫不决，师哥却毫不介意，背起女孩子就过了河。当他们离开河边继续赶路时，师弟就很不满意地对师哥说："我们是出家人，戒律里有明文规定不许近女色，你怎么去背她呢？"师兄笑而不答。到晚上睡觉的时候，师弟还在唠叨不停，师兄就对他说："小姑娘我早就放下了，师弟，你怎么还抱着不放呢！"师弟听了后幡然顿悟，这才感到十分惭愧。

第三个故事主人公是宋代的大学士苏东坡。苏东坡和一位名叫佛印的禅师是朋友，一次两人在禅堂里对坐，佛印一向节俭，穿的衣服有点破烂了，苏东坡看后笑着说：“禅师，你知道在我眼里你是什么吗？”佛印问：“什么？”苏东坡说：“在我眼里你像一堆狗屎。”佛印并不生气，回问他：“苏学士，你知道在我眼里你是什么吗？”苏东坡问是什么，佛印说：“一尊佛。”苏东坡很高兴，因为他常和佛印有机锋之辩，可惜总占下风，他认为这次总算赢了佛印，于是回去得意地对妹妹说：“我今天终于占了便宜！”妹妹问怎么回事，他说了来龙去脉，妹妹听后却并不像苏东坡那样开心：“哎呀，哥哥，你又输了。我听说心中有佛的人看到别人就是佛，相反，心中是狗屎的人看到别人才是狗屎。所以不是你占了佛印的便宜，而是佛印占了你的便宜！”苏东坡听后悔恨不迭。

禅宗告诉我们，世间的一切都是心的映射。心是世界的镜像，会将世间的一切如实地反映出来。心灵是扭曲的，看到的世界就是扭曲的；心灵是澄澈的，这个世界就是澄澈的；心是酸的，世界就是酸的；心是甜的，世界就是甜的；心是紫的，世界就是紫的；心是绿的，世界就是绿的……总之心是什么样的，眼中的世界就是什么样的，心灵就像是照片的底片，如果心里是喜悦、丰富的，那么洗出来后便是斑斓缤纷的相片。

拿破仑拥有世人所梦寐以求的一切：权力几乎控制整个欧洲，财富在当时无人能及。可他却说："在我的一生中，从来没有过真正快乐的日子。"海伦·凯勒是一个又盲又聋又哑的残疾人，生活本应与痛苦相伴，但她却说："生活是多么美好啊！"可见能否快乐不在别人，也不在上帝，只在于自己。

佛教在很多人看来十分神秘，其实佛教可以用最简单的一句话来概括：诸恶莫做，众善奉行，自净其意，是诸佛教。

前两句话很容易理解，意思是：有人曾经做过坏事，后来自己忏悔改过，各种坏事都不再做，一切善事都奉行，久而久之，必定获得吉祥喜庆，这就是所谓的转祸为福。那怎么理解“自净其意”呢？我们可以把心比作一杯水，这杯水本来是纯净透明的，如果不断往里面倒尘土就会越来越浑浊。心是一切的发源地，如果心这个总司令昏聩了，得到的就是错误的信息，发布的就是错误的指令，做出的也是错误的判断，结果更会错上加错。

只有静置水杯，让泥土沉淀下来，最终才能变得清澈透明、一目了然，这也是心灵“自净其意”的原理。净化要随时保持，否则一不小心又浑浊了，故而我们要养成净化自己心灵的习惯，形成一套属于自己的清洁系统。因为只有心回归到纯净、透彻的状态我们的智慧才会生起、判断才会正确，才不会迷失自己。

人们经常说的“己所不欲，勿施于人”是推崇仁爱的儒家思想中的著名观点。虽然大多数人能够像小学时背乘法口诀一样把这句话背得分外顺口，可是能否真正明了这句话深邃的内涵，却要用我们自己的实际行动来践行。

我曾在报纸上看到过一篇报道：有位50多岁的德国男子开着法拉利在回家的路上，发现一只刺猬正在横穿马路。他来不及刹车，为了保护刺猬，只好急打方向盘，车身冲向了公路的护栏。结果他和刺猬都没有受伤，法拉利却严重受损，光维修费折合人民币就得30万元。事后记者问他为什么这样做，他说："没有什么东西比生命更珍贵，哪怕是一只小刺猬，也值得我为它让路。""己所不欲，勿施于人"，我想作为异邦人的他肯定能够深刻领会孔子这句话的含义，纵然他并不知道这句话，甚至也不知道孔子本人，但他最有资格说这句话。

还有一个故事，讲的是齐庄王有次外出打猎，路上有一只小虫，伸出前肢要挡齐庄王所乘马车正在滚动的车轮，齐庄王见了后问赶车人："这是什么虫？"赶车人说："这就是人们常说的螳螂。这种昆虫只知前进不知退却，从不估算自己的力量，从来不把对方放在眼里。"庄公听了后说："如果它是人的话，肯定是一位天下勇士。”说完便让车子绕道避开了螳螂，齐国的勇士听说此事后，都纷纷归附齐庄公。这即是“螳臂当车”故事的来源，现在人们常常用这个成语形容自不量力，但创造这个成语的主人公却是完全从另外一个角度来看待的，正是他与众不同的看法和一个简单的举动为他感召了四方豪杰之士，成就了齐国的强大。

人同此心，心同此理，如果我们能时时为他人着想，人生道路上就不会有太多障碍，我们为别人搬开绊脚石，也许恰恰是在为自己铺路。

曾经看到一位名人的案例，说的是他开车载着自己可爱的女儿去游玩，结果事不凑巧，天下了雨，道路很泥泞。路上的车都开得很慢，他的车在最前面，所以一直很干净，而在他后面的车却因为他的车轮不断翻卷泥水而溅得很脏。他本来有光明正大的理由一直这样走下去，但是经过考虑，他下了车，把车停至一边，让后面的人先走。后面的人很惊喜，但也很不解，问他为什么这么做，他郑重地说："我今天是带我女儿出来的，我不能让她看到我有理由这样做就应该这样，这对她的成长不利。"

我有个朋友曾经在澳洲待过一段时间，闲暇时便和朋友一起去捕鱼。澳洲法律规定只有符合规定尺寸的鱼才可以捕捞，超过或小于这个尺寸的鱼都不可以捕。有天早晨他们的手气实在太好了，捕到了很多鱼，他准备全部带回家，但他的朋友不允许，把不适合尺寸的鱼全部放回了大海。他说："这里就咱俩，又没有别人看见，这是何必呢？"他的朋友却说："你在澳洲待时间久了就会明白，人应该这么做，不管有没有人看见，都要这么做。"

道德准绳虽然看不见却有着极为惊人的力量，它可以令君子慎独，即使没有人监督也会对自己的心进行约束。

我曾看过一本叫《黄河东流去》的小说，讲的是日本侵华期间难民们在逃难过程中发生的故事。我印象非常深刻的就是在那个兵荒马乱的年代，有些人即使去偷东西，也不是什么都偷，对于某些东西他们是有选择的，这便是残存在战火与颠沛流离之下的道德底线。

古代有些小偷或盗贼身上也有着很大的侠义精神，只针对为富不仁者，甚至能做到劫富济贫。可是现在可以说进入了一个“高调行恶”的时代，底线崩溃了，不用说小偷、恶人，就连许多普通人的眼中也缺失了道德，这让人无限担忧。

在生活中，如果每个人都用佛学的思想来观照自己，像照镜子一样审视自己的言行、举止，不断找出自己身上的问题和缺点，并加以改变，那么社会就不会出现道德缺失等问题了。人有镜则仪容正，同理，如果心中有一面镜子，我们的行为思想也就能保持正确，这面心中的镜子需要我们自己安装进去，方法便是禅修打坐。

一个能自我观照的人即是智者，反之则是迷者，会碰到一系列问题。那么，我们需要观照些什么呢？需要观照无我与苦、空。想要探讨“无我”首先要知道什么是“我”，在佛教里“我”是主宰的意思。我们都认为能主宰自己、主宰生活与生命，细想之下却发现我们能主宰的事情是有限的，还有更多的东西是无法主宰的，就像生老病死，都不在我们自己的掌控范围内。事物的诞生与灭亡符合自然的规律，人不可能战胜大自然，不可能违背规律。

人类能够控制的事物极为有限，我们并不能主宰整个世界，甚至无法主宰自己。佛教里分析，“我”由色、受、想、行、识五蕴组成，色、受、想、行、识又受眼、耳、鼻、舌、身、意六根的影响。人都是五蕴和合或者说四大和合而成，又何谈“自己”呢？

佛教里也有针对五蕴的三法印，分别是诸行无常、诸法无我、涅槃寂静。前面两个是告诉我们世界的本原和处世方法，最后一个是我们最终要达到的境界。

但是芸芸众生往往执着于这个暂时的色身，把这个暂时的色身抓住不放，以妄为常、迷惑颠倒。财色名食睡在佛教里被称为五欲，是有情众生最离不开的东西，这五欲犹如五条绳索把我们牢牢捆绑，使我们一生成为它们的奴隶，因此也被称之为五害。即财，人为财死，鸟为食亡；色，色字头上一把刀，有福消福，无福消寿；名，长恨此身非我有，何时忘却营营；食，五味乱口，使口爽伤；睡，人之猪性，如日进食。财色名食睡，凡夫俗子很难逃过它们的“恩宠”。而《道德经》里亦说“吾所以有大患者，为吾有身”，正因为我们都有这个色身才会有后患，才会给那些财色名利以可乘之机。

有这样一个小故事：一个人某天突然找到寺院的师父，想请他把自己刚刚过世的父亲超度到极乐世界。师父说：“这是不可能的，就好像你把一桶油倒到水里，再把一筐石头投在水里，你让石头浮起来，让油沉下去，可能吗？”如果一个人生前做了善事、积累了福报功德，他的身心轻安、心地纯净、灵魂轻盈，自然会像油一样往上走；如果他生前做了很多恶事，欲望熏染深重，整个人充满贪嗔痴，自然像石头一样往下沉。这些都是自然规律，没有福报再怎么念经超度也无法消除生前的业障。寺院师父的念经超度只是助缘，并不能起决定作用，起决定作用的是人一生的起心动念。

观人间万家灯火、悲欢离合、潮起潮落，会发现多数人都在为财色名利而奔忙。实际上越纠结某个东西，这个东西就越会成为我们前进路上的障碍。只有把这些别人在乎的东西放下来，思想才会与世人不同，才能做出与众不同的成绩。如果把内心所执着、负荷的东西全部放下，不仅仅是财色名利，还包括健康、疾病、亲情、爱情等，一切都放下、释然，那时候我们的心便会洒脱自在、无拘无束。

佛教经典《心经》中第一句便是“观自在菩萨”。菩萨是大自在，因为她什么都能够放下。有人可能会说，她还有大悲心，她总是念念不忘度众生。菩萨的确有大悲心，但她事来则应、事过即静，事来则现、事过则空，心中无着无染，不因为自己有大悲之心便自行窃喜，所以能够永远处于一种大自在、大安定的状态。

禅修能够帮助我们更好地成长，真正理解“无我”的思想后才能正确地看待自己与人生，也才能智慧通透地活出自己与众不同的风采。

佛教还总结了人生的八苦：生、老、病、死、怨憎会、爱别离、求不得、五阴炽盛。这八苦是常，是生命不变的本质，永恒存在，每个人都必须面对。正因为面对这样一个不变的本质，我们才要活得更清醒，努力远离这些苦难，收获幸福与快乐。

回顾人类的文化历史，探讨到空与无常的不仅仅只有佛教，人类对宇宙人生的观察，早已记载在了遗留的诗文之中。

曹植的《薤露行》里面有“天地无穷极，阴阳转相因。人居一世间，忽若风吹尘”；陆机的《短歌行》里说“置酒高堂，悲歌临觞。人寿几何，逝如朝霜。时无重至，华不再扬。苹以春晖，兰以秋芳。来日苦短，去日苦长。”

人类对自身渺小、生命短暂的悲叹、留恋和不舍在这些经典的诗句中都有所表达与体现，诗文中“空”与“无常”的思想也正是千百年来文人墨客，甚至每一个普通人对生命自主自觉的体验和感叹。

“君看今年树上花，不是去年枝上朵”“年年岁岁花相似，岁岁年年人不同”“人生代代无穷已，江月年年只相似”……当我们了解了事物的本质、变化、流动、生灭，了解了世间的成住坏空、人事的变幻无常、自然的变异迁播、四季的轮回不息，我们会发现，其实无常才是常，常即是无常。把握这一点，并以此为引擎、为方向盘，就能自如地驾驭自己的人生，驱动自己的人生走向一个圆满无憾的终点。

明白生命的无常能够促进我们的修行，让我们的目光从繁华世俗收拢回来，面向自己的内心，如此才能打开心量、放下自我、活在当下、奉献真爱，才能实现究竟、圆满的人生。

第十一章

人生本来就是苦的

劳动能磨炼一个人的意志。

第十一章　人生本来就是苦的

古语说“正则通，通则达”，“正”是每个人都应该保持的品质，每个人都应该树立的信念，每个人都应该践行的操守。

佛教里有个概念叫“八正道”，它要求我们用正确的观点、思维、行为去含摄我们的生活乃至生命，最终走上成佛之路。

我们要时刻觉知自己的念头，好的念头要保持，坏的念头则要立刻斩断。当我们的起心动念能够与天地万物合而为一的时候，人生会越走越开阔、平坦；反之，如果我们的起心动念是邪恶的、畸形的，即使目前道路通顺，后面的路也会越走越狭窄，最终落得无路可走的凄凉境地。

故宫中的乾清宫正殿悬挂着一面牌匾，上面是顺治皇帝御笔亲书的四个字：正大光明。这几个字最早出自宋代理学家朱熹之口，意为心怀坦荡、言行正派，用于提醒并激励世人要走光明大道，勿背离大道。

我很喜欢这四个字，也经常写来送给朋友。在我看来，人活着就要活得正大光明、行不由径，一个人“正”自然会“明”，而且做什么都能很顺利。明代思想家王阳明离世前说了八个字：是心光明，夫复何言。一个人做事正大光明，自然就会无怨无悔、心定神安，即使知道自己将要辞世也会平淡视之，心无挂碍。

为什么我们出家人常念阿弥陀佛？因为阿弥陀佛就是无量光、无量寿。光代表智慧、喜乐，有智慧、有喜乐才能健康长寿，即无量寿。换言之，光是体，寿是用，体用不二；光是性，寿是相，性相不二。所以当我们身体不健康的时候就说明我们的内心缺少光明；当我们的内心有充足的光明时，身体自然健康，这是事物最根本的原理。

第十一章　人生本来就是苦的

有这样一句话很有意思，也道破了一个现实：当你大声说话的时候，有人说你；当你小声说话的时候，有人说你；当你沉默不语的时候，还是有人说你。那你是说话好，还是不说话好呢？只要我们有所行动，就会有人在旁边说三道四，我们唯一能做的就是心向光明，因为只要我们自己是光明的存在，阴暗自然会落在身后。

也许读者们接触过佛学经典《金刚经》，可能大家会觉得《金刚经》就是一直在谈“空”。事实并非如此，《金刚经》完全算得上是本富贵经，只要多读，用其思想贯穿我们的生活，就能健康、富足、成功。

《金刚经》中明言，当我们将物质、名望、地位以及一切所执着的东西都统统放下时，我们就能生起无穷无尽的力量。放下与收获便是“破”与“立”的关系，不破不立，破得越多，立得也就越多，就像我们想要抓住某样东西就必须把手腾空一样。很多人都觉得佛教讲得东西很消极，其实他们看到的只是表象，那个“消极”的表象只是为了帮助人们破除“小我”，破除我们根深蒂固的执着，当真正越过这个表象抵达自己的内心，内心的欲念慢慢化解，人生中碰到的一系列问题也就会迎刃而解。

我们所执着的，正是我们的束缚所在，我们越执着于得到，反而越得不到。佛家所讲的“无”并非一无所有，而是无为，无为才能无所不为。当我们把心中的挂碍、担心统统放下来，才能用虚空般的胸怀与格局去承载整个世界，如果没有达到这样的境界，便很难拥有承载的力量，就好比大海能承载一艘大船，如果把大船放在一个小沟渠里，那就只能搁浅了。我们时常会看到这样的新闻信息，生活中那些中了彩票便开始挥霍无度的人，等钱败光了往往会走上违法犯罪的道路，正是因为没有承担巨富的能力，飞来横财才会毁了他原本幸福简单的生活，养成了各种不良嗜好，甚至违法犯罪。一个人如果没有相应的福报，德不配位，承载不了等量的福德，即使有福也无法消受。

佛教的思想能够让我们获得智慧，进而帮助我们解决问题。佛教从不提倡盲目地迷信，单纯的跪拜、烧香也不能帮我们实现梦想，满足我们的需求，佛学教义教给我们的是处理事情的正确方法。霍金说过：“我们研究物理，佛教可以作为一种启发，它里面讲的很多东西与现代的物理学是相应的。”佛教的智慧正是与天地万物、自然规律相应相合的智慧。我们接受佛教这个信仰是因为它会使我们走上一条充满智慧的道路，智慧是指路明灯，有智慧就有光明，光明到来黑暗就会消失。

佛陀讲过这世间是苦的，人的一生要经历生、老、病、死、爱别离、怨憎会、求不得、五阴炽盛八种苦难。我们学习佛法的目的便是要用佛法中的智慧来为我们转苦成福、转苦成乐。

所有的婴儿都是哭着来到这个世界上的，他们为什么会哭呢？一个当医生的朋友告诉我，婴儿在母胎里是特别温暖、舒适的，然而一出生，离开母体就会被外面的冷空气刺激得不舒服。要他们离开那个温暖、幸福、有安全感的地方，本来就是痛苦的，所以才会哭。因此，一个人出生是痛苦、老是痛苦、病是痛苦、死是痛苦，生老病死全是苦；夏天的热、冬天的冷都是痛苦；年龄的逐年增大，青春不再，红颜辞镜花辞树，更是一种无可奈何的痛苦。

有一次我坐飞机，旁边坐了一个长得很帅的男孩子，但是他的身上却有股刺鼻的味道，几乎把我熏到呕吐。一个多小时的飞行过程，我一直在忍受这种痛苦。还有一次，刚下飞机，就有一个白人一个黑人拉着我照相，两人一左一右分别把手挎在我肩上，当两股腋臭直冲而来时，我差点晕过去，这些就是不能说却不得不承受的苦。这样的经历只不过是生活中的小小插曲，可是就连这样琐细的事情也会给人带来烦恼，可见这个世间是处处都充满痛苦的，站久了痛苦，坐久了也痛苦，求不得痛苦，怨憎会也痛苦。

那么，人生中真正的快乐有多少呢？也许我们会觉得现在的自己漂亮、干净、幸福，但总有一天我们都会离开人世，我们无比珍惜的这具躯壳也会慢慢腐烂，成为其他生物的食物，最后回馈大地，并与它融为一体，化为一堆尘土。细想一下，即使我们对自己的身体放不下，最终剩下的也只有无可奈何，因为在自然规律面前我们根本无能为力。我们看到的土丘一个又一个，只会越来越多，里面躺着的人生前也朝气蓬勃，但每个人的终点都会是这样一个土丘。这就是生命的本质，如果我们没有看透生命的本质，就会被各种假象蒙蔽。

来到这世间的人都在不断经历各种苦痛，但有的人却能利用这种“苦”来磨砺自己的人格，让人格更圆满、更富有魅力。人生就是一个修行的过程，把苦难当作修行才能够直面人生中的坎坷和挫折。

这个世界没有人可以长生不老，每个人早晚都要离开，离开人世的日子从我们出生的那一刻起就开始慢慢逼近，一般人的一生只有两万多天，很多人还会在中途因车祸、病魔、地震而夭折，所以佛陀说生命在呼吸之间，十分脆弱。

曾经有一个小姑娘问我她走不出失恋的痛苦怎么办，

我告诉她："十年之后，你拥有了婚姻和家庭，甚至都有可能会经历婚姻的失败和家人的离去，到那时候再回头看看你现在的失恋，也许都不会激起心中的一丝涟漪了。"很多时候困难看似要把人压垮了，其实随着时间的流逝和阅历的增长，经历这些困难时的痛苦心情会自然而然消泯，不会再影响我们的情绪了。

斯大林曾说过："苦难是人的一生中最好的大学。"我想能从苦难这所学校毕业的，必定都是强者、能者。很多人以为出家人不食人间烟火，不必为衣食住行操心，其实我四岁的时候就到伯父的庙里生活，平时在寺庙旁边的学校读书，暑假时就到田里去干活。一个八九岁的孩子，要把水田里面的杂草拔掉，水田里的水很深，能淹及胸部，我下到水田里，水稻都能盖过我的头。水稻的叶子跟锯子一样，早晨去时皮肤白白嫩嫩的，晚上回来之后就已经被水稻叶子划得血淋淋的了。经历了这样磨炼意志的劳动生活之后，现在我面对所有的苦难都不会感到畏惧，因为我很早的时候就练下了“童子功”。

以前我们盖道场时有工头威胁我，如果我不给他钱，他就把寺庙的庙门关掉，把所有的工人带到这里吃饭。我对他说：“好，我会教你们念经，并且准备很多米饭让你们吃，只要你们愿意来，我十分欢迎。庙门关掉了也好，过年太吵，只要政府允许就可以。”我不是在无理取闹不认账，寺院已经履行了合同，支付了相应的钱款，但他还想要更多，我实在拿不出来。

人之所以不能坦然面对生活中的一切，是因为有太多的担心和忧虑，渴望着遥不可及的，困厄于追悔莫及的。如果我们连情感、财富、名望、生命都能彻底放下，还会有什么不能面对呢？当我们把所有的挂碍、担心和束缚都解开，快乐也就来了。

有的人总会担心自己老了不能益寿、病了不能医治，但是我总在想，如果身体这个机器真的坏了，勉强修治好又有什么用呢？我的一个老伯得了重病，好不容易抢救过来，性命虽然保住了，可是身上却要插十几根管子，那种痛苦是我们正常人没法体会的。一朵花可以开十天，那这十天就是它最精彩的生命，它多开几天或者早落几天，都是生命的自然现象，顺其自然就好，即使枯萎了，也是一种美的呈现。人也是如此，生命的价值不体现在长度而体现在宽度和深度上，坦然面对生命未知的恐惧是我们增加生命宽度、延伸生命深度的前提，如果对生命不再心存恐惧，那我们的生命无论长短都是精彩纷呈的。

人生非常短暂，也许奋斗之路刚刚开始，生命就慢慢走向了衰落。所以我认为人活着一定要有意义，一定要为这个社会做一点有价值的事情。如果我们活着，总是觉得今天的自己和明天的自己、十年前的自己和十年后的自己并没有什么变化，只是在日复一日地重复过去的生活，这样的生命又有什么意义？

佛之所以能成佛，就是因为有众生给他种福田，国家元首之所以能成为元首也是因为他能为国家和人民服务。

同样的道理，我们活着也应该为世界和他人做出自己的贡献，奉献的过程中也可以提升我们自己生命的品质，实现我们自己的人生价值，这就是佛教中讲的自度度人。

在佛教众生中闻声救苦、自度度人的是观自在菩萨。因此，每个人活着，都要像菩萨一样，寻求自己生命的“大自在”。

“自在”靠观照来完成，从生命的原点上去理解生命的意义、探寻生命存在的规则，然后我们才能知道怎样度过自己的一期生命。《心经》中第一句话便是“观自在菩萨，行深般若波罗蜜多时”。“自在”是“观”出来的，不是想自在就能自在。我们人生中会碰到很多问题，能找到对应的答案，或找到办法、途径解决它才是自在的开始，菩萨能够做到智慧、圆满、慈悲正是因为她能不断进行自我观照。

如果我们遇到一个问题不能面对，接受一个结果不能放下，而是将这些全部压到自己身上，那我们就会离自在越来越远。所以要学会把“有”观成“无”，把我们身心所背负的重担真正卸下来。也许很多事情我们不能一下子就完全抛离，但如果我们有了这种放下的心态，就会收获到不一样的结果。当然，值得提醒的是，放下绝不等于放弃，不等于消极的逃避。在佛教中放下是智慧，放下是得到。

人，要像一只皮箱，当你想提起时，要提得起；当你想放下时，也能随时放得下。希望我们每个人都能以佛陀智慧、慈悲之双轮去驾驭自己的身心，去铸造自己的人生，从有限的生命中走出无限的可能。我们来到这个世间，没有办法选择父母、民族、生存环境，但是我们可以通过修行来改变自己的生命状态，让生命焕发出不同的光彩。